丹尼 —— 著

中国风创意水墨

时装画

U0228399

全国百佳图书出版单位

化学工业出版社

·北京·

内容简介

时装画是服装设计专业的基础，是一个集绘画技巧与想象力于一身的重要领域。本书从中国审美出发，尝试通过时尚水墨艺术的自由气质启发年轻读者的灵感，激发创造力，从水墨技法创新、本土人物创新到时装设计思维创新，全方位更新时装画的学习方式、创作手法和教学思路。书中图例丰富，技法多元，讲解清晰。

本书可作为本科教材，用于高校服装设计专业时装画课程，也可以作为自学参考书，适合有一定绘画基础的时装爱好者使用。

图书在版编目（CIP）数据

中国风创意水墨时装画/丹尼著． —北京：化学工业出版社，2023.4
ISBN 978-7-122-42851-6

Ⅰ．①中…　Ⅱ．①丹…　Ⅲ．①时装-水墨画-绘画技法　Ⅳ．①TS941.28

中国国家版本馆CIP数据核字（2023）第019639号

责任编辑：孙梅戈　　　　　　　　　文字编辑：刘　璐
责任校对：王　静　　　　　　　　　装帧设计：刘丽华

出版发行：化学工业出版社
　　　　　（北京市东城区青年湖南街13号　邮政编码100011）
印　　装：河北鑫兆源印刷有限公司
787mm×1092mm　1/16　印张11¼　字数258千字
2023年4月北京第1版第1次印刷

购书咨询：010-64518888　　　售后服务：010-64518899
网　　址：http://www.cip.com.cn
凡购买本书，如有缺损质量问题，本社销售中心负责调换。

定　　价：68.00元　　　　　　　　版权所有　违者必究

我的画，终于要结集成书了。

感觉很开心，仿佛养育多年的孩子终于要启程去旅行，看看外面的世界。这些画儿，终于要展示在读者面前了，兴奋中夹杂着紧张。

2007年开始画出属于自己的第一根线条，是源于好友李罗婷老师的鼓励，不知怎的，她就是认为我会画得很好。虽然那时根本没有自己的画风，但她这样说了，我也就信了。然后开始慢慢地画，一幅接着一幅，年复一年的，就画了好多。她推动着我走上了创作之路。从线条到墨汁，是漫长曲折的自我探寻之路。这本书里的风格，从2007年最初的尝试到2022年的成型、出书，经历了15年。但我回顾起来却没有太多的痛苦，反而有很多的甜蜜，这种缓慢的探索非常适合我的个性，仿佛有一片专属于我的海洋，有空我就去海底潜水，到沙滩上坐着，看日落，听涛声，并每次捡一两个小贝壳，多年下来，竟然发现那贝壳里藏着许多美丽的珍珠。在这本书里，我将展示这些美丽的瞬间，与你分享我画画的秘密与乐趣。

时装画中的文化传承一直吸引着我的注意。当下的中国年轻一代对本土文化有了更多的认同，对中国之美有了更多的好奇心与探索之心，这是一个很好的契机。然而，市面上已有的时装画书籍在这方面依然有很大的空白，它们大多继承了20世纪从欧美发达国家传播而来的时装画技法，工具上使用诸如马克笔、水彩、彩铅等西洋绘画工具，在人物形象上多塑造金发碧眼大长腿的欧美女子形象，在风格方面多推崇华丽性感的画风。这个现象与中国服饰文化的历史断层有关，断层引来了巨大的、新鲜的西方文化流，为国内时尚界带来了丰富的养分。应该说这类时装画技法成熟，画风时尚，深得年轻人的喜爱，我个人也是通过临摹它们而入门的。但学而不思则罔，时装画是整个服装专业学科的基础，长此以往，必然在本土文化传承方面有所欠缺，原创力的发展会受到限制，年轻一代对本土文化的好奇心与探究欲也未被满足。我想，读者们依然期待着本土时装画风格的诞生。

此外，我感觉到，时装画教学一直有一个误区，就是太着重于"描绘式"教育，教授如何把模特、衣服描绘出来，而且描绘的对象大多是西方模特及时装，而缺乏"创造式"教育。也就是说，我们的学生从大学一年级开始就被西方审美体系牢牢牵制住了，标准化的欧美模特、程式化的绘画步骤，虽然这样的教材在技法方面非常清楚，可以帮助学生按部就班地学会时装画，但也扼杀了学生的创造力，等到三、四年级或毕业以后，真正做设计的时候，这种西式审美就已经根深蒂固了，再谈本土原创就非常困难。我始终觉得，如何画就会如何设计，绘画是灵感表达最直接的手段，在画画过程中形成的审美意识、创新意识、自我意识对后续的设计能力的发展有着深远的影响。基于此，本书尝试建立一种新的学习视角，通过水墨艺术引导读者关注中国审美，并在第五章教授创造本土人物的方法，激发读者的创造力。

水墨天然强大的东方气质，使它成为非常好的探索方向。书中的时尚水墨风格融合了版画、钢笔画、水彩画和水墨画多个画种的特点，简练清新、优雅动人，深受学生们的喜爱。它是笔者长期探索的成果。但读者们可能也面临着挑战，那就是，水墨时装画有一定的难度，它是在长期训练的基础上飞跃而成的。笔者一开始还是进行了大量的西洋人体模板的临摹和练习，所以对人体比例、人体结构、人体造型都了然于胸，之后，才抛弃了人体的具象的形，开始创造出无形的人体，以水墨的点线面来表达时装。所以，本书并不适合毫无绘画基础的读者来学习作画，这类读者，可将它作为画集来欣赏。对于有一定绘画基础的读者来说，本书的思路还是不错的。笔者这种寻找自己语言的能力，不仅是技法层面的创新，更是创作哲学、心理学层面的突破。所以，除了教授水墨技法，本书还支持读者发展自己独特的绘画语言，在开篇的第一章就将详细介绍。（注：想要对人体模板进行强化练习的读者，可以参考胡晓东老师的书《服装设计图人体动态与着装表现技法》，湖北美术出版社 2019 年出版。）

当然，本土化的时装绘画语言并不局限于水墨，还有很多可能性，本书中的水墨技法大部分都可以直接用于水彩，而马克笔、彩铅、油画棒、钢笔、水粉、丙烯、色粉、彩色墨水等各种工具依然可以继续探索，根据读者自己的喜好，可以自由探索。中国风是一个很大的主题，本书只是抛砖引玉，期待更多的佳作诞生。希望本书的出版，能将国内时装绘画者们的目光从向西看转为向东看，能推动本土文化的传承与创新，推动本土时尚人物的诞生，推动原创时装语言的诞生。

在此，我要谢谢好友唐铄老师，她一直在插画领域带着我，看世界，看展览，不断交流探索，很多展览所呈现出的生动新颖、大胆真挚的创作状态使人难忘，激发了我强烈的创作欲望；感谢谭国亮老师和尹娜老师，他们对中国传统水墨的挚爱深深感染了我，我感受到中国传统文化的根系，如此广袤发达；感谢王柯老师，她的绘画作品总是那么温柔和暖、生机勃勃，带给我明亮的日子。更要感谢我的许多前辈老师们：首先要感谢广州美术学院的燕陵老师和李征老师，他们的博学与风骨，多年来潜移默化地滋养着我，他们作品中美的力量深深地触动着我，激励着我不断发展自己；感谢周锡珑老师，温厚而慈祥，他引领我走上专业探索之路，他的水彩苍厚细腻，使人赞叹；感谢任夷老师，她永远那么年轻，那么可爱，那么专注地追求着中国传统服饰文化之美，她凌厉苍劲的水墨时装画，使我膜拜；感谢许以冠老师、郑星球老师与何汉民老师，他们巩固了我的绘画基石，为我打开了专业绘画的大门；感谢老广美以前的小书店，我读研时常常在那里看书，流连忘返。感谢现在回到日本教学的蔡文老师和有一面之缘的蔡兵老师，前者耐心地教授了我许多水墨技法，后者直率地打破了我的思维僵局；感谢江门五邑大学的朱蕙老师，她充沛的艺术活力常常牵动着我；还有最想念的马志中老师，他为我打开了一扇门，走向美和艺术……

　　近朱者赤，正是有这些真挚的美的创作者们在我的世界里穿行，留下光和热，使我聚集了创造美的能量。最后要感谢我的母亲，她晚年退休以来，一直沉浸在学习绘画的乐趣中，兴致勃勃，多方拜师学艺，不仅感染着我，还不时传授各种新工具、新技法、新思想给我，是我的榜样。还要感谢我的学生们，与他们一起画画的时光，如此难忘，正是那流金岁月，波光粼粼。走进绘画，我的心沉静下来，线条、墨汁、水痕，这些奇妙的视觉语言伴随着我，走向心灵深处。

2023.1.

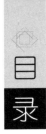

目录

第一章　独立语言：成长之路 / 001

第一节　本土时装画的困境 / 002

　　　　如何找到自己的语言 / 002

第二节　水墨之美 / 004

第三节　自由之笔 / 005

第四节　白纸之静 / 006

第五节　水之情绪 / 008

第六节　意象捕捉 / 009

第七节　造型之力 / 010

第八节　自然成画 / 011

第九节　诗意的诞生 / 012

第二章　时装画类 / 013

第一节　时装插画 / 014

第二节　设计草图 / 015

第三节　时装效果图 / 016

第三章　水墨实验 / 017

第一节　水墨技法 / 018

第二节　干墨画法 / 019

第三节　墨色点染 / 022

第四节　清底写墨 / 024

第五节　清底点墨 / 026

第六节　清底冲墨 / 028

第七节　墨底冲墨 / 032

第八节　干湿结合 / 036

第九节　大写意法 / 039

第十节　硬笔介入 / 041

第十一节　滴溅画法 / 044

第十二节　墨色晕染 / 045

第十三节　湿墨画法 / 046

第十四节　吸墨技法 / 047

第十五节　层叠画法 / 048

第十六节　排线画法 / 049

第十七节　双色衔接 / 050

第十八节　综合技法 / 051

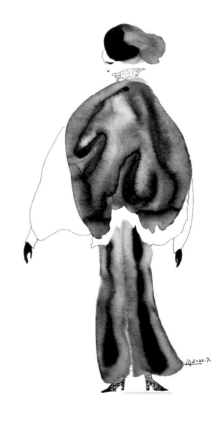

第四章　经典印象：墨画西方 / 053

第一节　世纪之初 / 054

第二节　香奈儿时代 / 055

第三节　黄金时代 / 056

第四节　想念迪奥 / 057

第五节　年轻风暴 / 058

第六节　摇滚之爱 / 059

第七节　宽肩风格 / 060

第八节　解构主义 / 061

本章小结 / 062

第五章　人物实验：本土探索 / 063

第一节　本土时尚困境 / 064

　人物西化 / 064

第二节　人物探索 / 065

第三节　人物灵感 / 066

　1. 明星、名模、专用模特 / 066

　2. 外在灵感 / 067

　3. 内在灵感 / 069

第四节　人物发型 / 070

第五节　人物五官 / 071

第六节　人体之美 / 072

第七节　人体探索 / 073

第八节　水墨人体 / 074

第九节　人体表达 / 075

第十节　姿态之美 / 076

第十一节　创造姿态 / 077

第十二节　手的表情 / 078

第十三节　手的结构 / 079

第十四节　足部设计 / 080

第十五节　人物诞生 / 081

　东方女孩 / 081

第十六节　人物对比 / 082

　西方审美与东方审美 / 082

第十七节　人物情绪 / 083

　1. 轻快、愉悦 / 083

　2. 忧郁、压抑 / 084

　3. 惊奇 / 085

　4. 迷茫 / 086

　5. 恐惧 / 087

本章小结 / 088

第六章　时装实验：色形图质 / 089

第一节　色 / 090

  1. 黑 / 090

  2. 白 / 091

  3. 灰 / 092

第二节　形 / 093

  1. 人体与时装 / 093

  2. 点线面体 / 095

  3. 线 / 096

  4. 面 / 112

第三节　图 / 126

  1. 动物图案 / 126

  2. 植物图案 / 129

  3. 风景图案 / 132

  4. 人物图案 / 133

  5. 几何图案 / 134

  6. 符号图案 / 136

  7. 多元图案 / 137

  8. 插画图案 / 138

  9. 创造图案 / 139

第四节　质 / 141

  1. 质感想象 / 141

  2. 蕾丝面料 / 142

  3. 牛仔裤 / 143

  4. 粗线毛衣 / 144

  5. 中粗毛衣 / 145

  6. 细线毛衣 / 146

  7. 柔软绒料 / 147

  8. 大皮草 / 148

  9. 小皮草 / 149

  10. 皮草拼接 / 150

  11. 印花衬衫 / 151

  12. 透明面料 / 152

  13. 柔软丝绸 / 153

  14. 飘逸轻纱 / 154

  15. 混合质感 / 155

  16. 贴纸妙用 / 156

  17. 创造质感 / 157

第七章　故事实验 / 159

1. 浇花的女孩 / 160

2. 荆棘日记 / 161

3. 扑克牌镇 / 162

4. 那一刹那 / 163

5. 长日漫漫 / 164

6. 白鸟之殇 / 165

7. 插画草图 / 166

8. 从插画到设计 / 167

结语　创作的奖赏 / 169

第 一 章

独立语言

成长之路

本土时装画的困境

如何找到自己的语言

本土时装画语言的困境，或者说是所有创作者的挑战，就是如何找到自己的语言。在水墨时装画方面，面临着两座大山：一座是传统水墨，浩瀚的灿烂文化长河，使人惊叹，也使人倍感自身的渺小；另一座是国外时尚文化的强势入侵，精美绝伦，瞬息万变，使人眼花缭乱，惘然若失。在这两座大山下，每一位时装画的创作者都面临艰难的抉择，是以敬畏之心入山，一边学习一边探索，还是干脆转身离开、另辟蹊径呢？我教授时装画课程十几年来，先选择了第一种方式，后选择了第二种方式。为何我有勇气转身离开呢？从正面的角度来看是大胆，但实际上我虽然喜欢游览两座大山，却不喜欢画两座大山里的画，更坦率地说，是画不好。

画不好，很容易被自己看作是一种能力上的缺陷，面对缺陷，有些人选择下苦功、啃硬骨头，把缺陷补起来，有些人选择自怨自艾，半途而废。而我，在这方面却有着天然的宽容之心，很奇怪，我本能地选择了绕道而行，也就是所谓的另辟蹊径。没有了攀登的目标，也没有下苦功的压力，我反而开始自由自在、随心所欲地画，画自己喜欢的画，尝试各种技法。回过头来看，这其实也是一条原创之路，因为没有任何的限制，没有任何的条条框框，各种画的优点都可以吸收，各种画的局限性都可以打破。"缺陷"带来了创新的可能，所以，也可以说缺陷就是"特点"，换一个角度来看，不足反而是资源。

中国水墨的传统，博大精深，我虽未能按部就班地传承传统技艺的一招一式，但我早已被水墨之美所征服。我喜欢看各种水墨作品，无论画册、展览，都会细细品味，有评画的书，也会找来看。在漫长而随性的读画过程中，我好像懂得了何为"好画"——就是触动人心的画。那么，如何才能触动人心呢？那就是先抓住自己的心动，捕捉让自己心动的美。

此外，在探寻自己语言的漫长道路上，我好像拥有了某种特别适合创作的态度，那就是，以完全接纳的态度拥抱"失败"。我总是会画出许多"失败"的画，然后我会在这些将要被放弃的画上继续作画，结果往往是新的效果出现了，新的技法也自然而然地诞生了。这种对失败完全无所谓的态度，使我在画画这条路上越走越远，也越走越开心。

放下对自己过高的要求，接纳各种"失败"，享受探索绘画的乐趣，能做到这三点，你就具备了某种原创力，即走自己的绘画之路的能力。因为原创之路是漫长而孤独的，不轻装上阵，往往难以持续前进。前两点旨在去除包袱，第三点则提供精神滋养，比如乐趣会释放大量的多巴胺，促进大脑的舒适、活跃等。

中国传统水墨艺术能原汁原味地传承下来就已经很了不起了，也很美了，它本已自具足，不需要太多的更新。但要表现当代时装，传统水墨艺术还是不太适合，在表现时装的时候可以借鉴传统写意人物或工笔人物技法，但不可能全用，当代时装的特质及审美都与古代、近代有巨大的差异，语言的更新是必须的。

同时，水墨之美是文化的馈赠，我们也不应拒绝，所以水墨艺术的传承与创新在时装画的领域是势在必行的。但如何传承、如何创新，则各有各的方式，现在国内的水墨时装画，我个人比较喜欢的，有插画师 M-Y 蚂蚁的作品，他的风格奔放直率，充满了大胆的想象力，活力四射，具有年轻感和叛逆感，色彩鲜明，魅力十足；此外，还有落款为"囧宁墨坊"的时尚插画，优雅大气，清新高贵，使人过目难忘。国外的水墨时尚插画大师 Aurore de la Morinerie、Kahori Maki、Ohgushi，都有独树一帜的风格，或优雅精美，或繁复华丽，或青春潇洒，每一位亲近水墨的插画师都在以自己的方式表达对时尚之美的理解。我喜欢他们的作品，但基本上不会临摹具体的画作，而是观看、品读居多，这样在吸收佳作养分的同时，也与他们的具体画风保持了距离。最终我的作品还是形成了空灵柔软、清新细腻的风格，别具一格。

接下来，我将分享在这条路上的几个关键因子，它们可以帮助你画出自己喜欢的画，分别是"水墨之美""自由之笔""白纸之静""水之情绪""意象捕捉""造型之力""自然成画""诗意的诞生"。它们包含了对美的领悟、对工具的感受、与媒介的合作、对心灵的洞察以及作画的状态。对这部分内容的理解，也许可以增加你与美邂逅的概率，但它们不是万能的，也因人而异，所以仅作参考。

水墨之美

水墨之美，古往今来，千变万化，虽至美而难以描述。有一天，我翻到图书馆里宗白华先生的《美学散步》，才惊叹，原来有人可以将它描述出来，而且描述得如此生动准确，实在是叹为观止，特别是讨论中国艺术之"空灵"与"充实"的部分，现摘录如下：

一、空灵

艺术心灵的诞生，在人生忘我的一刹那，即美学上所谓'静照'。静照的起点在于空诸一切，心无挂碍，和世务暂时绝缘。这时一点觉心，静观万象，万象如在镜中，光明莹洁，而各得其所，呈现着它们各自的充实的、内在的、自由的生命，所谓万物静观皆自得。这自得的、自由的各个生命在静默里吐露光辉。

二、充实

无数的形象与无比的豪情，使我们体验到生命里最深的矛盾、广大的复杂的纠纷……悲剧是生命充实的艺术，一个悲壮而丰实的宇宙。杜甫的诗歌最为沉着深厚而有力，也是由于生活经验的充实和情感的丰富。——艺术家精力充实，气象万千，艺术的创造追随真宰的创造。

由能空、能舍，而后能深、能实，然后宇宙生命中一切理一切事无不把它的最深意义灿然呈露于前。'真力弥满'，则'万象在旁'，'群籁虽参差，适我无非新'（王羲之诗）。

韦应物诗云：'万物自生听，太空恒寂寥。'"

中国水墨艺术如此之美，其历史与发展如星空浩瀚，我们沉浸其中，哪怕仅仅饮一小杯也可感受到美的洗礼。在时装画领域，无论如何创新，都是在传承中国艺术之美的基础上，求新求变离不开美的核心，空灵与充实就是这核心。

那么，如何才能达到空灵与充实呢？首先要获得自由。自由地画、自由地表达才可能让心灵慢慢空旷安静下来。表达的又是什么呢？表达的正是对生活的体验、丰富的情感，即充实的部分。所以，在自由的状态下，表达出心的真意，就可能达到空灵与充实之美的境界。接下来，我们要谈到的"自由之笔""白纸之静"和"水之情绪"就是对自由的探索。

　　笔是作画的基本工具，选择适合自己的笔，当然是非常重要的。我在笔的选用方面是比较随心所欲的，基本原则就是"方便""顺手"。为什么"方便"要放在第一位呢？因为作画属于长期的探索，最好是每天或每周画一些，然后坚持不懈，达到水滴石穿的效果，如果工具不方便，就会增加阻碍，慢慢地就不想画了。

　　最早我用的笔就是晨光牌 0.5mm 粗的油墨签字笔，一两块钱一支，还可以一次买一排笔芯，拿起就可以画，画完一支换笔芯可以继续画，非常方便。我将它放在桌子上，与我的空白画本放在一起，就形成了一个非常简便快捷的作画空间。很多人梦想着拥有一个画室，向自己许诺："等有了画室，我就一定开始每天作画。"其实，不必等到拥有画室，只要在桌子上留一个本子，就是迷你画室了。否则，房价上涨，画室遥遥无期，今生就与画画擦肩而过了。

　　后来，我喜欢上了水墨画，它的标配一般是一张宽大的原木长桌，加上毛毡垫子和挂毛笔的笔架，还有挂画的巨大墙面。这样，就需要更宽敞的大画室了，我曾经看见一些长辈拥有这样使人舒畅的空间。这样的画室当然成本就更高了，但其实，迷你画室依然可以打造，我采用了画夹这种多功能的工具。首先，它可以装入完成的作品，其次，它有一面是平坦硬挺的，可以垫着作画，再者，我选用了水彩纸，就省去了毛毡。想画画的时候，把画夹从书桌的侧面取出，把水彩纸放在画夹光滑的一面，斜斜地放在书桌和自己的腿上，然后将墨汁、层叠的小调墨碟、两个清水杯、几支毛笔和笔枕放在书桌上，大概占据桌面的 25 平方厘米，备用的毛笔放在笔筒里，放在桌脚的地上。本书中大部分作品就是这样创作出来的，用最小的空间创作，非常自由。居住空间不大的年轻人，完全可以在此基础上发挥想象力，创造出更多的节省空间的作画方式，自由弹性地将创作与生活随时转换。

　　笔之自由，除了"方便""弹性空间"这两个关键词，还有刚才提到的"顺手"，顺手意味着舒服。笔的好坏不在贵贱，而在于能否舒畅自由地画出你想画的画，让你感觉到舒服的笔，自然更能使"心手合一"，达到直抒胸臆的状态。当然，顺手的感觉也不是一下子就能找到的，还是要多画多感觉，慢慢就会找到最适合自己的笔，也会慢慢地和自己的笔相互适应、彼此配合。

　　我现在比较喜欢用的就是狼毫毛笔（大号、中号）、长杆小号油画笔、长杆小号水彩笔、细勾线笔，偶尔用到排刷，硬笔就用 0.5mm 笔芯的油墨签字笔。

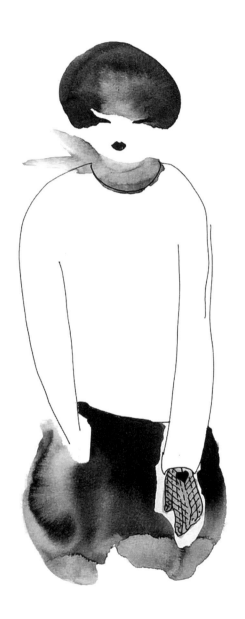

水墨之美不仅在于墨，也在于留白，静静的白纸可以充满无限的想象，无边无际，飘逸灵动。找到适合自己的纸是找到自己风格最重要的一步。白纸就好像是一个空间，你要在这个空间里展现全部的自己，如果它不适合你，那么很多想表达的东西就表达得不顺畅，作品就难以直达内心。比如宣纸，它是中国传统水墨画的标配，许许多多世间的水墨画极品都诞生在宣纸上，可它偏偏不适合我，我若要画出水色淋漓的画，就会害怕把薄薄的宣纸画破，若要用硬签字笔画线，又担心把它戳破，而如果用毛笔勾线笔，我又画不出那样简洁锋利的线条，还有一些细小的装饰色块，也很难用毛笔来画。宣纸的薄和透本来是水墨最好的搭档，但放到我这个个体上，就成了表达的障碍，但障碍也促成了新的路。

我曾经尝试过各种各样的白纸，有宣纸、卡纸、皮纸、素描纸、水粉纸等，每一种纸都有独特的个性。最终，我选择了300g粗纹水彩纸的背面来作我的创作媒介。它的吸水性特别好，可以承载水墨中酣畅淋漓的水分，也可以承受尖刻的硬质油墨签字笔，一软一硬两种笔都可以在它上面自由驰骋，很是舒畅。

水之情绪

找到厚水彩纸对我来说如此重要，是因为它可以承载水，而水就像是人的情绪，自由流淌，喷薄而出。它为画带来了生命力，也使心灵得以释放。水与墨的交融中，淡墨、中墨、浓墨，各色浸染，不断游走，也带来了美的意趣。右图就是一个很好的例子，清水冲墨的技法，流动出淡淡的光影水痕，趁湿再画浓墨，点出上、下的力度。水是其中的灵魂，假如去掉水，那么黑白之间缺少了过渡，缺少了变化的层次，缺少了朦胧的想象，就成为精确分明的黑白装饰画，虽然那也是一种美，一种确定的美，但两种美是不一样的，各有意趣。两者我都喜欢，但现在这个阶段，我更喜欢水墨的朦胧之美，喜欢它那微微颤动的温柔。

　　意象捕捉是水墨时装画的特点也是优点，它注重美的整体意象，而避免了一下笔就奔向具体的细节。上一页图中流转的墨痕，似乎塑造了一个女孩的侧影，这一页图中的墨点，则轻轻地显现出一位静坐沉思的女子，身上的墨点与淡墨仿佛堆积的半透明鱼卵，挤挤挨挨的，似乎孕育着许许多多的生命。顶端的墨团，似乎是女子的垂发，又像是喷薄而出的日出，在山顶上照耀大地。我没有将它的细节画出来，但整幅画似乎已经自成一体，完整了。这就是意象捕捉的方法，它在随意画下的墨痕中发挥想象力，捕捉心灵的影像。书中大部分作品都是采用这种方法，只是我将具体的细节补充完整了。

　　在造型方面，历代水墨画大师都迎接了挑战，给出了不同的答案。而我在探索这个答案时，经历了很长的挫败期。主要原因是我不知道在水分酣畅淋漓的同时，如何保持造型的准确性，水的自由流动是美，也是困局，破局之道在于思考和实验。经过反复尝试，我发现水能破坏形也能塑形，这真是一大收获！如果先设定水域的形状，那么后续的墨色往往会留在这片区域之中，并不会破坏造型。所以，烦恼即菩提，水能载舟也能覆舟，就看你如何驾驭它。

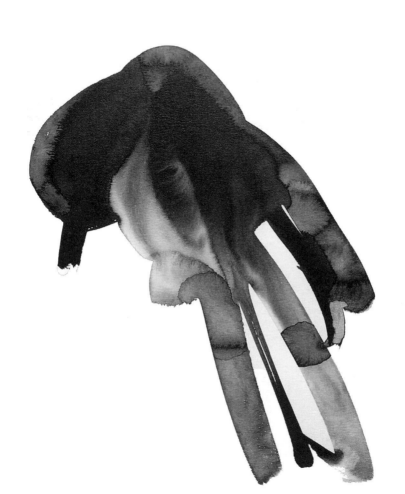

　　虽然水可以塑形，但毕竟还是有很多不可控的地方，所以，水墨时装画的绘画过程大体上都是比较不确定的，它的突发状况很多，如果习惯于按部就班地画画的人可能一开始会很不适应。以水控形，然后顺势而为，自然成画，是我应对的策略。画多了以后，就会享受到水墨的意外带来的惊喜，每次画画，多多少少都像开盲盒一样使人期待，因为你只能掌控一部分，其他部分仿佛是有自己的意志的，在这里，画并不完全是你一个人创造的，大自然也参与其中。

诗意的诞生

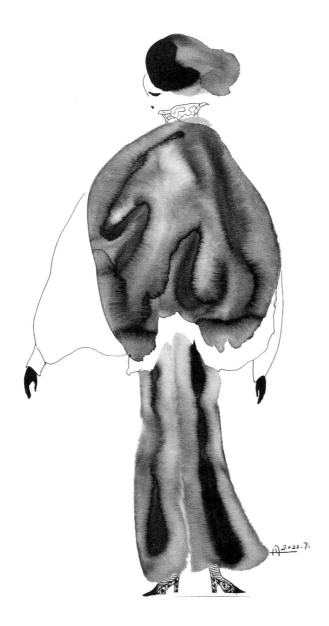

诗意的诞生很奇妙，它来去无踪，又似乎总在不经意间出现。一般来说，诗意是很难被创造出来的，但你可以静待它的诞生。这幅画遵循了自然成画的原则，先用点墨、冲墨技法画出了图中墨色晕染的部分，它自然而然地形成了一名女士的画像，飞扬的头发，松软的衣服，飘逸的长裤。但，如何把她完整地呈现出来呢？这时，我放下了笔，静静地注视着画面，让画自身告诉我，接下来该如何画——黑色油墨签字笔，开始随意地勾出线条，就在那空白之处，它告诉我，哪里应该垂下，哪里应该上扬，哪里要封闭，哪里要打开。是的，诗意的诞生源于信赖，你信赖你的笔，你信赖眼前的白纸，心自然会随诗意萌动，笔随心动，富有诗意的画就诞生了。

第 二 章

时装
画类

时装
插画

　　时装插画，是一种以时装人物为主体的绘画品类。在如今的时尚界，时装插画越来越受到业界和消费者的欢迎，它变化万千，美轮美奂，富于故事性，充满了情绪，非常有吸引力。它经常出现在时装品牌广告、橱窗、宣传册、包装上，也经常被运用到时装产品本身，成为美丽的装饰图像。时装插画的美，时而是空灵而富有想象力的，时而是复杂而使人惊讶的，它作为一种极富生命力的视觉表达艺术，散发着无可替代的诱人魅力。本节将以时装插画为核心展开，在技法、人物、时装表达等多个领域探索它的魅力。

设计草图，比较随意。你可以任意涂鸦，捕捉自己脑中转瞬而逝的灵感，不需要给其他人看，所以也不需要讲究美感和准确性。但是不追求美感的设计草图有时候反而特别好看，能精确地表达出时装的精髓，秘密可能就在于"任意涂鸦"，彻底的放松，反而可能迎接美的到来。工具方面，尽量选择自己最熟练的，这样画画的时候就可以不考虑技法，轻装上阵。

第三节 | 时装效果图

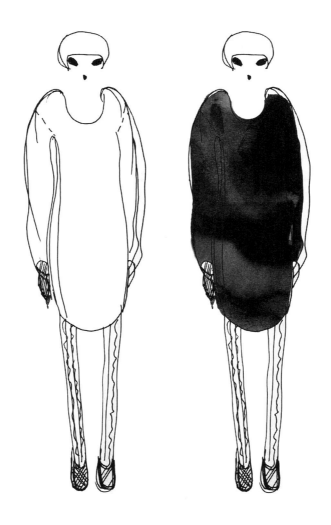

　　时装效果图，是设计构思的具体呈现和时装的着装效果表现。本页的图算是比较有设计草图味道的时装效果图，它基本呈现了一款针织裙的着装效果，其灵感来自本章的第一幅插画，把水墨晕染的朦胧感融入针织裙中，造型的构思来自上一页图左中位置的草图。从中可以看出时装插画与时装效果图的区别，插画可以天马行空，是想象世界的代言人，时装效果图则更具体，是通向现实世界的桥梁，是设计师与服装制作团队沟通的图像工具。不过，两者的界限有时候也比较模糊，有很多设计师画的效果图具有很强的艺术张力，也可以作为时装插画来欣赏、使用。

第 三 章

水墨实验

水墨
技法

　　水墨技法的探索，离不开"水"和"墨"的实验。水分的多与少，墨色的浓与淡，都会影响画面效果，就像烹饪美食，味道恰到好处的关键在于火候的掌握、调料比例的拿捏。

　　技法的探索对我来说，是充满乐趣的，我常常因为发现一个新技法而开心好几天，然后反复实验新技法，从中探索出最适合自己的方式，用来画很多很多画。这些新技法有些是自己独创的，有些是向大师们学来的，还有一些是从学生那儿学到的。所以，现代社会中人与人的交流日益频繁，对创作来说是非常好的事情，心灵就在彼此的交流与碰撞中变得更加丰富、柔软，富有创造力。

　　在本书介绍的众多技法中，我最喜欢的就是墨色点染与清底冲墨两种技法。这两种技法有点相似，但它们的灵感出处却不同。墨色点染的灵感来自我的一个学生，她叫张玲利。在画水彩时，她会先用淡彩多水的笔刷画出造型的边界，然后再继续用色彩晕染。我看到后大受启发，就将其沿用到水墨技法中。清底冲墨的灵感则来自黄有维老师的线上水彩课，他用清水造型，然后在水域中渲染艳丽的色彩，效果使人惊艳，我在欣喜之余，也用到了水墨之中。当然，虽是技法的沿用，水墨和水彩的效果却大不相同，而且与传统水墨也非常不同，显得非常新颖别致。

　　所以，水墨技法的创新，可以借鉴姊妹艺术，多多益善。

  干墨画法是最简单、最基础的水墨技法，就是擦干水分的笔蘸上墨，直接画。这种画法最适合表现各种形态的线条，线条是最富于情感的，我喜欢这样在一张白纸上随意地画出我的情绪，它们或者绵长，或者细腻，或者宽和，或者纷乱，它们写下了心的流动，毫不掩饰地呈现。同时，干墨会自然形成粗糙亚光的质感，适于表现毛衣、丝绸等柔软的织物，干笔的擦痕也适合表现褶皱中淡淡的阴影——关键是：松弛专注的作画状态。

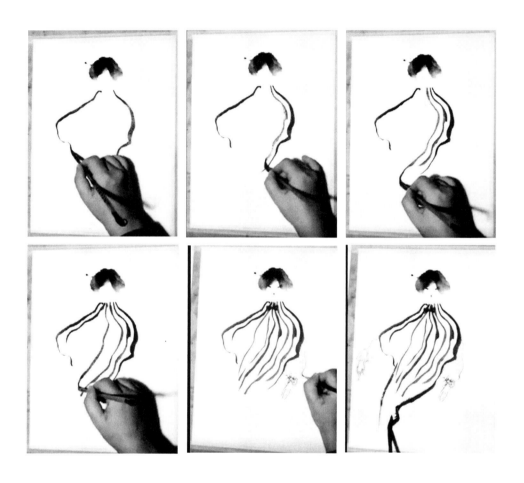

在放松的状态下画出随意的水墨线条，侧锋、中锋均可，粗细自由，蜿蜒曲折。在服装的不同部位，可以根据质感的特点更换毛笔，比如，在衣身主体部位，我使用了一支中等粗细的毛笔，可画出松软宽和的线条，而在袖口部位，为了描绘出更为轻薄的面料质感，我换了一支极细的勾线笔，画出若隐若现的淡淡线条，纤细柔美。

作画示范视频
请用手机扫码观看

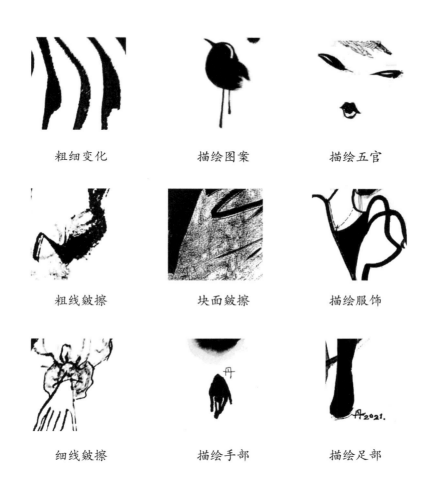

粗细变化	描绘图案	描绘五官
粗线皴擦	块面皴擦	描绘服饰
细线皴擦	描绘手部	描绘足部

干墨浓黑，易于掌控，是很好的基础技法，表现力也很强，适合绘制较为清晰肯定的部分，如五官、手、足、图案、轮廓线、块面等。水分完全干燥后可形成干擦的效果，在传统水墨技法中也称之为"皴"，一般国画中的山脉、石头、树干、衣服褶皱等处使用此技法，形成体块感，表现质感。在时装画里可以沿用这种传统，增加质感和画面趣味。

墨色点染

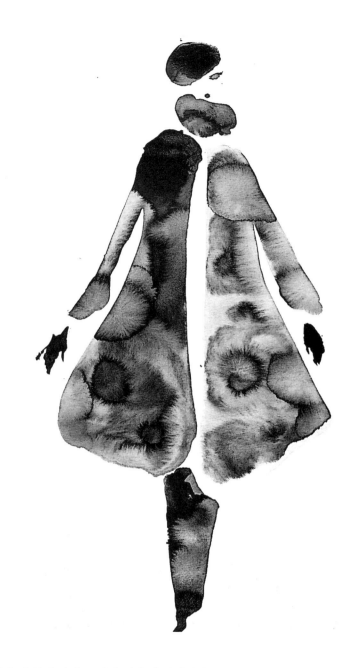

　　墨色点染最大的魅力就在于"受到束缚的自由"，水被一开始用淡墨画出的造型限制住了，不会肆意流动，破坏画面，而水域中自由点染的墨点，则可以安全畅快地发散出来，形成毛茸茸的，像小小向日葵般的花朵墨痕，甚是奇妙。此外，当自由之水在安全的区域中流淌的时候，时装的造型之美与面料的肌理之美就同时表现出来了，而且形成向外扩张和向内控制的审美张力，非常独特。

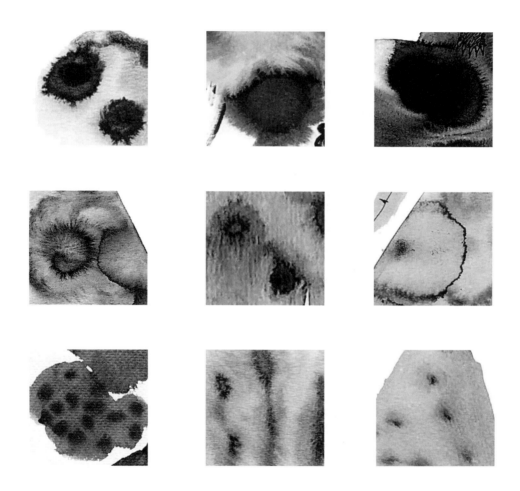

墨色点染技法在不同干湿、浓淡的墨色底色中，会形成多姿多彩的墨点效果，有的浓郁，如深邃的眼睛或深潭；有的尽情绽放，如花朵；有的堆积，如鱼卵，千姿百态，不一而足。总而言之，依据个人的喜好，依据墨色当时流淌的效果，可以让它成为时装画各个部位的装饰，除了时装本身，还可以在头发、围巾、帽饰上进行点染，形成别具一格的装饰趣味。

作画示范视频
请用手机扫码观看

　　这幅画非常有趣，中间的花瓣造型与衣服的结构褶皱似乎合而为一了，作画时并没有这样
的构想，只是在无意识地练习清底写墨的技法。所谓"写墨"，意指随意书写，可点可划可撇
可捺，在水域内自由表达。由于这幅画的水域相互隔离，所以画出的衣服具有平面装饰性，但
水域内部呈现水墨自然的渐变色，又有一种奇妙的立体错觉，平面性与立体错觉叠加在一起，
既矛盾又和谐，这正是此种技法匪夷所思之处。

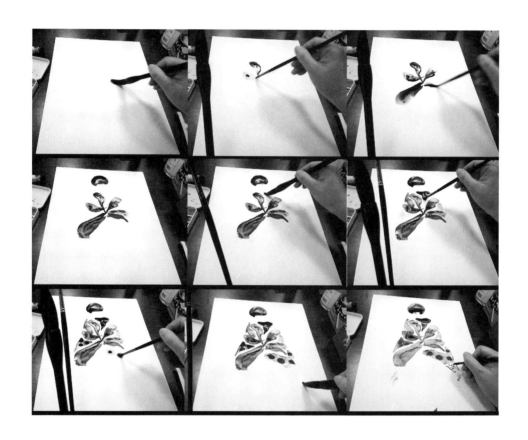

作画过程：先用清水勾勒出中间五片花瓣的造型，然后写墨，任由墨在水域中自然散开，随后再用清水填补花瓣周围的间隙，再写墨，就形成了最终这样既绽放又裹缠的奇妙造型，很特别。所以，清水打底最大的魅力就是意想不到，自然天成。

作画示范视频
请用手机扫码观看

清底点墨

　　清底点墨与清底写墨的画法非常相似，只是点墨与写墨略有不同，在清水底上轻轻点上墨点，让它自然发散成为圆形墨晕，而非写墨的点划撇捺，这种点墨的效果清新雅致，可形成通透明朗的风韵，很适合画在半透明的面料上。此技法的关键就在于轻轻点墨，不可急躁，要静待墨晕的形成。

　　清底点墨的效果就像一堆半透明的鱼卵，挤挤挨挨，好像在孕育，又好像在微微颤动，这种效果的形成大概是因为点下去的墨点在四周都受到同样的清水的阻力，阻力不大也不小，刚好够内围的浓墨扩展成圆形色块，外围扩展成挤在一起的不规则淡墨，像细胞一样。水和墨在一起，就是如此的千变万化，你完全可以试验出专属于自己的技法。

作画示范视频
请用手机扫码观看

清底冲墨是在清底写墨和清底点墨的基础上发展而来的技法，它的优点是可以在非常简洁的造型中快速注入复杂的水墨肌理。比如这幅画，我用清水塑造出风衣简洁利落的款式，用毛笔蘸浓墨随意画线冲入其中，墨汁遇水自然化开，其扩散的力量又不足以冲破清水原先划定的疆域，所以，就自然地充满了风衣的造型区域，十分奇妙。它与清底写墨和清底点墨的原理相似，但会形成不一样的墨痕趣味。

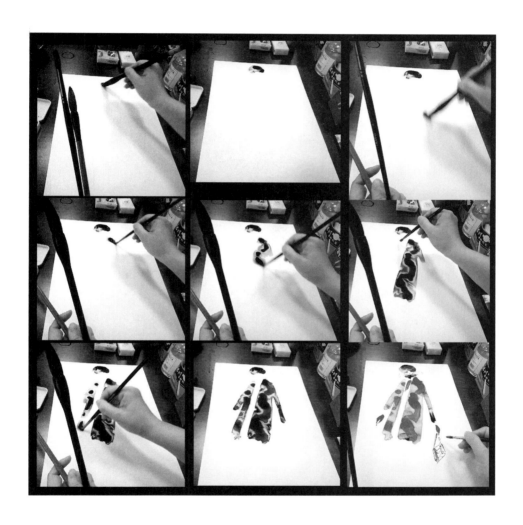

　　作画过程：这幅画是清水打底，墨线冲入，清水塑造了形，墨线染出了抽象的图案，各司其职，相互配合。其难点在于清水塑形看不太清楚，需要有一定的造型功底，做到胸有成竹，或者从与纸面形成锐角的侧面视角可以看到清水域的反光，由此可以将墨线控制在时装造型轮廓的内部。

作画示范视频
请用手机扫码观看

　　清底冲墨的另一个优点是，由于清水底子看不清，所以蘸墨下笔时，往往不会受到形的限制，自由挥洒，便于创造新的形态。在画这幅画的裙摆时，我好像就忘记了原先清水画的造型，将墨线画成了自然卷曲的形态，仿佛是九尾狐的尾巴，打破了普通裙子的造型习惯。旁观的学生很喜欢，我也感到惊喜，看来画画中创意的迸发就是这么简单，不经意间，你就打破了思维的惯性。

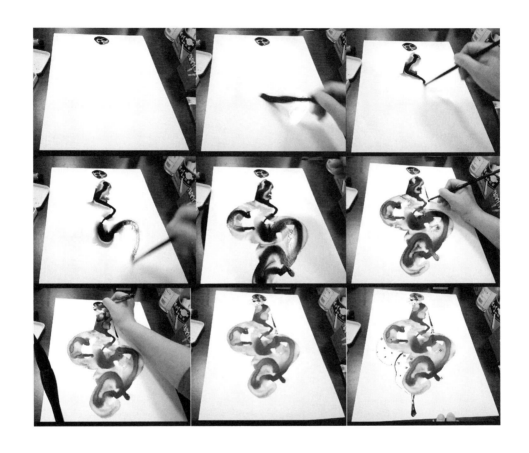

作画过程：首先清水打底，用清水画出裙子上半部分的简洁造型与下半部分的曲线造型，趁水未干时，快速蘸浓墨在清水底子上画出随意的线条，墨线遇水自然化开，然后根据墨韵用签字笔添加恰当的细节，如五官、领口、足部、裙摆花纹等。

作画示范视频
请用手机扫码观看

墨底冲墨

墨底冲墨的关键在于淡墨或中墨打底，同样是通过水来形成造型的堤坝，再将浓墨画在淡墨中。与清底冲墨的不同在于色调明度对比的强度不同，清底冲墨黑白更加分明，墨底冲墨则更灰一些，墨色的对比更弱一些。而且墨色打底，对造型的把控也更容易一些，可以一边画，一边根据视觉效果进行调整，所以，这个技法总体来说更稳妥直观一些。这幅画的别致之处在于裙腰的墨痕形成了一朵玫瑰的形态，生动有趣。

　　作画过程：这套衣裙的上半身用墨色点染的技法，点出晕开的墨点，裙子则使用了冲墨画法，即在淡墨底色未干时，用浓墨画出随意旋转的线条，冲出奇妙的墨痕，形成别具一格的抽象墨线图案。

作画示范视频
请用手机扫码观看

    这幅画技法很简单，就是在淡墨的底子上加入了不规则的浓墨线，表达出躁动的情绪，五官、头发和肩部的装饰图案用黑色勾线笔画出，带有压抑华丽的哥特风格。哥特风源于暗黑的中世纪，它既脆弱又有力量，它是人类凝视死亡时发现的美。哥特气质体现在机械的姿态、几何的造型、呆滞的表情、眼部的烟熏妆以及五官的骷髅感等方面。在简单的技法中表现奇异的风格，这就是这幅画的成功之处。

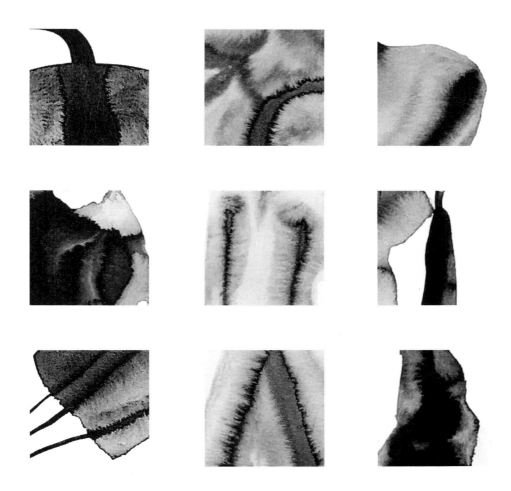

　　墨底冲墨与墨色点染很像，都是淡墨打底，不同之处在于它是以墨线的方式从干的地方画入湿墨，由于墨的浓淡、粗细、干湿的不同而形成不同的发散式墨线。这种方式很适合用墨线搭建骨架的地方，冲墨这种技法的名称也很形象，就是冲进去，将水域划开，所以它可以形成块面分界线、不同体块之间的连接线等，可以将分散的色块串起来，也可以形成魅力的线状图案。

干湿结合

　　干湿结合的画法便于表现复杂的质感和肯定的造型。比如这幅画，头部、手部的造型清晰明确，就适合用干墨画法，身上的斗篷与毛织下摆质感较为复杂，就适合用湿墨画法，在轮廓线方面可以有一些结合的部分。这样，整幅画就会显得乱中有序，收放自如。

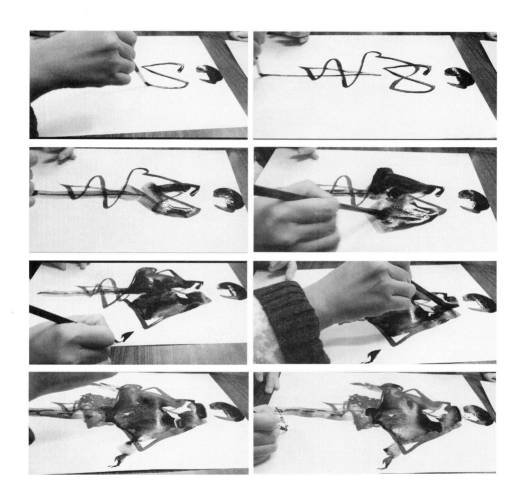

　　作画过程：先用浓墨线条随意地搭起造型框架，然后带墨蘸水，用饱满的笔触刷出上半身的斗篷，并顺势带出长裤，斗篷中的水与墨自然晕染化开之时，用浓墨刻画较为精致的手的姿态。领口与袖口都是湿画法，手部未干之时画袖口，袖口的水遇到手部的浓墨就自然形成了墨花，十分美丽。

作画示范视频
请用手机扫码观看

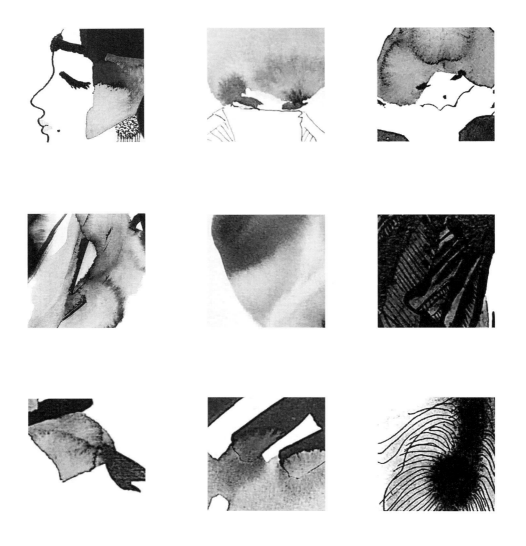

　　干湿结合是另一种特别常用的技法，它是趁湿将干墨介入灰色的画法，可依据干湿的不同程度形成千变万化的效果，非常好用。比如我常用于头发与面部的对比中，头发用中淡墨打底，趁湿画出浓墨或深墨的眼睛，眼角触到头发的边界，就会形成各种灰度的水痕，顺势就把头发的阴影、体积也表达出来了，十分便捷（如第一行的中图）。若头发较干，则墨色只在眼角附近略略晕出，好似烟熏妆，十分有趣（如第一行右图）。其他的各种效果也很不错，如服装上的图案，干湿结合可形成丰富的层次；浓墨的手触到淡墨的袖子也可形成奇妙的肌理。

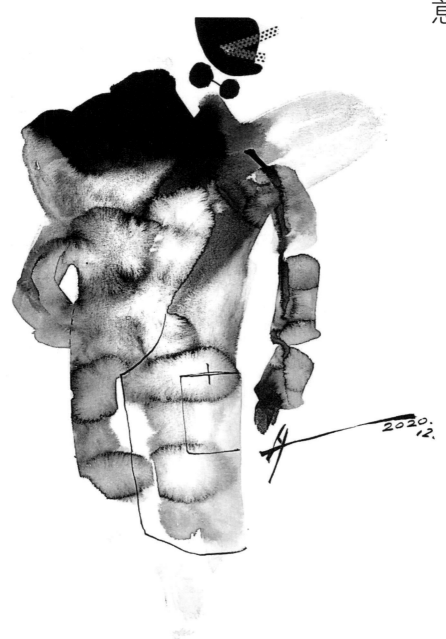

　　这幅画的主体部分水色淋漓，是用了大写意的画法，适于表现皮草、羽绒等蓬松的质感。大写意画法的难点在于塑形，我找到了一种方法，就是顺势而为，在一开始下笔的时候大脑放空，什么谋划也没有，等水色铺开后，再根据其形态进行想象、加工。这样，画面会呈现出一种意料之外的美，非常迷人。

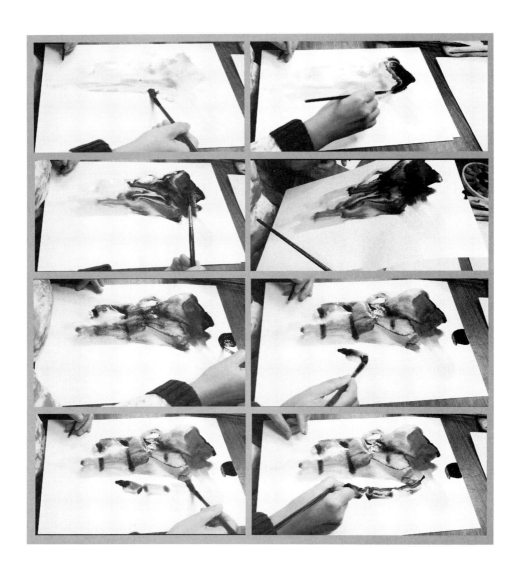

　　作画过程：大写意的画画过程非常有意思，就像开盲盒一样，起初你也不知道最终的作品是什么样子，慢慢画一画，渐渐就看到了雏形，然后再慢慢勾勒细节，人物在纸面上浮现出来，真的很奇妙。重点是先铺水色，大量的水分会为后画的墨色带来较强的流动感，给人一种情感充沛的视觉效果，大写意的名字也由此而来。还有一个关键点是，要在画中加入少量的浓墨，形成视觉的锚点，否则整幅画都漂浮在水中，形就散掉了。

作画示范视频
请用手机扫码观看

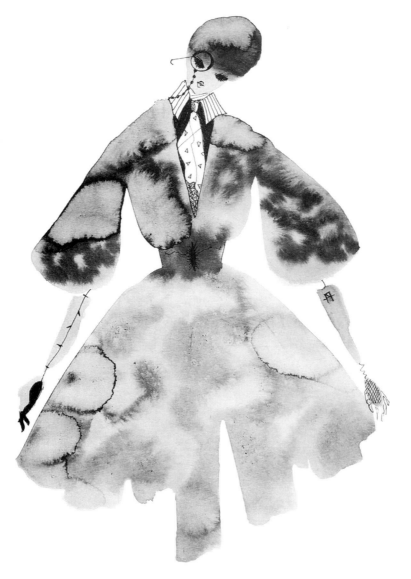

　　硬笔介入法非常方便易用，就是用黑色油墨签字笔在水墨底色上继续刻画。可以描绘五官，可以雕琢细节，如本页画中，眼镜、衣领、领带、手的细节，都是签字笔画的。这种方法的优点是，水墨铺开初步的形象，签字笔可在细微之处慢慢推敲，一放一收，使作品更加耐看。难得的是，水墨与油墨签字笔这两种工具，惯常是不会在一起使用的，一个是传统绘画工具，一个是现代书写工具，出现的场合一般是完全不同的，但它们的黑却能融在一起。油墨笔勾出的细线能在模糊缥缈的水墨上清晰地显现出来，甚好。

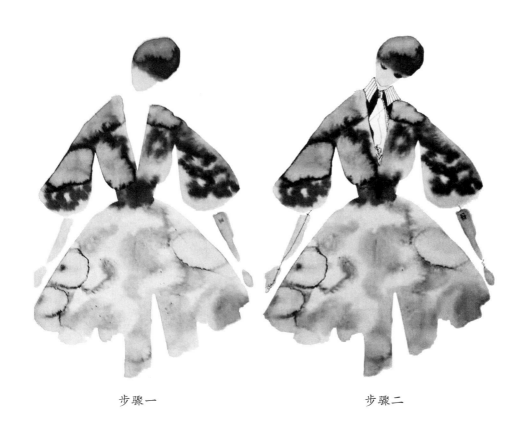

步骤一 步骤二

　　步骤一：墨色点染。用淡墨先造型，画出头部、衣裙、手臂和裤子局部，趁湿用浓墨点染头部右侧、上衣、腰部，再用中墨点染裙子和裤子。这里用的是宿墨，所以会有微小的颗粒沉淀，形成大理石般的石质感，很有趣。

　　步骤二：硬笔介入。根据时装带来的情绪感受慢慢刻画出人物，因为头部略略向右倾斜，手又自然叉开，有一点儿像失重的人偶，所以我画出略微呆滞的眼神和如木偶般断开且用铁丝相连的手臂。

　　硬笔介入，多用于头部、领部、鞋子以及其他一些需要精细刻画的部位。每次画这些细节的时候，好像在绣花一样，一笔又一笔，细细描画，心中甚是欢喜。它们与水墨本身的模糊飘逸形成有趣的对比，在诗意的不确定中刻下确定的造型，也使整幅画有了点睛之笔。使用油性签字笔，是源于早期喜欢黑白装饰画的时期，那时，一支笔可以画出许多幅画来，所以就对这种笔日久生情，熟能生巧了。后来在一次香港的全球水墨画展览上看到一位年轻的画家用圆珠笔在宣纸上与水墨一起创造出极为细腻的画面，深受启发，于是就用到自己的画里了。当然，要成就现在这种明晰的装饰效果，厚实的纸功不可没，我采用的是300克的细纹水彩纸，如果是在薄薄的宣纸上就很难达到这种效果。多种新工具的混合使用的确带来了不同于传统水墨的新鲜视觉体验，也非常时尚。

滴溅画法

滴溅画法很有趣，用金墨汁（或其他粉质液体颜料，如丙烯、水粉等）滴溅在清底上，再趁湿冲入墨线。由于金墨汁不融于墨，所以它会自成一体，形成圆形肌理，很特别，有一种金色的夕阳落入黑色的湖水中的感觉，金碧辉煌，又忧伤深沉。这种画法有意无意地创造出新鲜的面料纹样，为时装增添了许多随机的图案纹理，也是一种邀请大自然参与的技法。

彩色作品
请用手机扫码观看

　　墨色晕染的画法非常简单，比如这幅画的裙子的部分，先用清水画出裙子的造型，再蘸中墨点染在裙子的腰头位置，慢慢移动点染的位置，然后等它慢慢渗透、散开到裙子的下摆，然后静等干透，最后就形成了现在的效果。这次的效果不是很均匀的渐变效果，而是集中一部分特别深，另一部分特别浅，原因可能是使用了宿墨，墨的颗粒感有点儿重，所以散开得较为迟滞。不过这种效果倒也挺别致的，与上衣的繁杂肌理很搭。如果想要那种自然渐变、飘飘欲仙的晕染效果，可以使用新墨、淡墨进行探索。

湿墨
画法

　　湿墨画法与清底写墨的相同点在于都是清水打底，不同在于，清底写墨使用写的技法，可将笔蘸墨后，在水域中自由书写，点划撇捺形成一种有力量感的黑白跳跃晕染效果；而湿墨画法，则是趁清水底未干，在其上直接涂抹出湿润的笔触色块，形成自然衔接又微微散开的柔和效果。湿墨画法适合描绘雪纺、皮草等柔软的材质。

　　吸墨技法就像名字本身一样简单，使用普通纸巾即可。在水分较为充足的墨色部分，等墨中水分略干一干，用纸巾在想要出现肌理的部位轻轻按压，不要拖动，则会出现画中叶柄、左下叶片底部和衣服底部的效果，墨色变淡，同时色块周边留有深色轮廓线，可继续在该区域进行叠加绘制，我在衣服的底部用硬笔添加了密集的短线，有点儿像刺猬的针状毛，又像刺绣中的某种针法，别有风味。这种技法安全、简便，可以很方便地增加画面的趣味。

层叠画法非常简单，先铺一层淡墨，在朦胧中塑形，画出若隐若现的图案，待墨色干透以后，再在淡灰底色上涂抹浓墨，画出另一幅姿态，深浅两色似乎是矛盾的，又似乎是一体的，这样就在无意之间创造出富有张力的人物形象了。这幅小画尝试着去刻画一个带着荆棘而努力实现公主梦的女孩，她的欲望与伤痛无法调和，使她成为一个令人难以靠近又难以忘怀的人。

　　这个女孩有一种强烈的叛逆感，黑色的墨镜，仿佛是电子爵士乐池里的舞者，要表达她强劲的力量感，画中极具节奏的线条功不可没。排线画法很奇妙，用一把刷子，刷子的宽度就是排线的宽度，在刷毛上蘸上墨汁，略干一干，用手把刷毛分开（手被弄脏别介意，画完再洗手），这样一个排线工具非常好用，刷子每画一笔，都是一排平行线，高效、神奇、有惊喜。

双色衔接

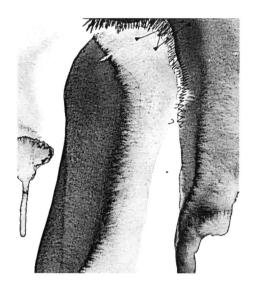

　　双色衔接的技法是趁湿将重色衔接于淡色的边缘，形成较为细腻、发散的明暗交界线，这种画法很适合塑造形体的大块面，简洁有力。左图为第四章"想念迪奥"的局部（第57页），衣裙的立体感被塑造出来了。右图为第七章故事性插画"长日漫漫"（第164页）的披风下摆。两相对比，竖向衔接与横向衔接略有不同，两张画在作画时都是竖向倾斜45°左右，而且重色的水分较多，所以都有向下流淌的效果，只是左图流淌的感觉强化了皮草的垂感和足部的重量，而右图流淌的感觉则拉重了整条横向衔接线，结束的柔软曲线是顺势画出来的，仿佛是墨汁本身流淌出的造型。

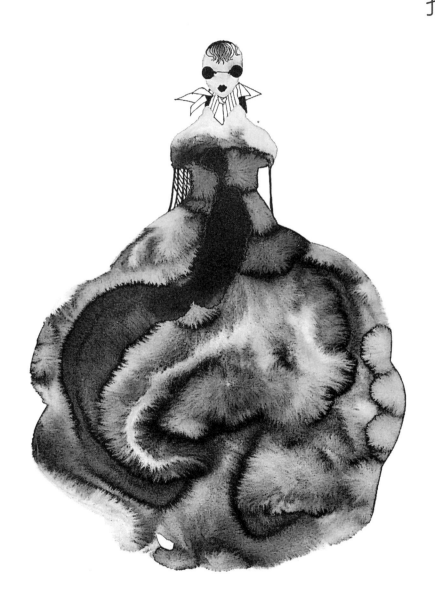

　　这幅画采用了多种技法，头部用墨色点染，上身为墨色晕染，裙子用冲墨画法，细节有硬笔介入。可以看到，多种技法的融会贯通使这幅作品非常饱满，具有很强的感染力。我特别喜欢裙子上如波涛滚滚的墨色肌理，很意外，细细想来，如此丰富细腻的墨痕来自三层水墨的叠加与冲撞，第一层铺的是淡墨，圆润浑厚，第二层用中墨冲入，形成卷曲的螺旋状，最后一层是浓墨，从腰部起笔，顺势回旋，增加了墨痕的毛发感与扩张感，整条裙子宛若一朵盛放的玫瑰，妖娆美丽。

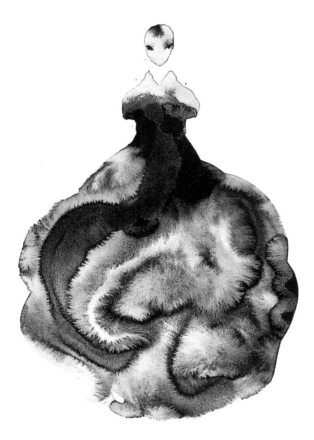

人物设定：

发型：紧贴式

墨镜：老北京民国风

妆容：浓重唇膏

表情：神秘而冷静

领口：紧凑的领结

　　这幅画的成功之处不仅在于技法的混合多样，也在于精彩的人物设定，发型、墨镜、妆容、表情、领口，这些核心部位的设计，通过细致精到的描绘为粗犷妖异的雏形增添了现代时尚的气质。这就是硬笔刻画的魅力，它将人物从混沌中释放出来，将阿凡达的精灵变成了一位都市女强人。

第 四 章

经典印象

墨画西方

世纪
之初

　　20世纪初，欧洲女性由于设计大师保罗·波烈的创作，而享受到了充满异域风情的时装。这种时装汲取了俄罗斯民族服装宽大而富于装饰性的风格，有一种富贵华丽之美，其中特别著名的是"一步裙"，窄窄的裙摆，使女子们不得不小步小步地挪步，形成了一种摇曳生姿的形态。保罗率先摒弃了19世纪末欧洲盛行的紧身胸衣，解放了女性的身体。虽然"一步裙"束缚了女性的行动，被人诟病，但紧身胸衣的束缚才是更大的枷锁，不得不说他算得上是一位开创新纪元的革命者。

（1910-1920）

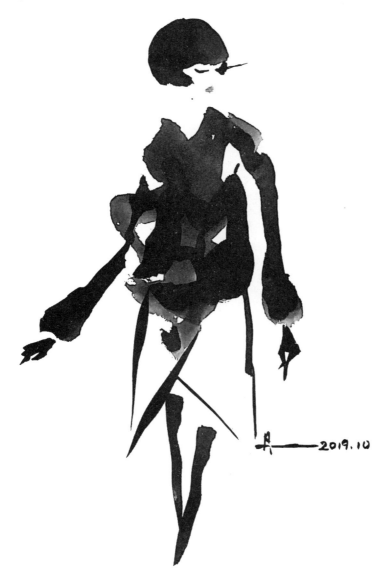

2019.10

　　20世纪20年代，香奈儿以简洁、实用、优雅的风格征服了欧洲的时尚界，她在波烈的基础上更进一步，将运动、针织等现代元素引入时装，使女性呈现出更加自由自在的生活状态。这幅画以音乐般的节奏向她致敬，向这位勇敢的、我行我素的女性致敬。

黄金
时代

（1920-1930）

　　这幅画我一摆出来，同学们就纷纷拿出手机拍照。我心里感到诧异，后来才发现他的感觉有点儿像《了不起的盖茨比》的作者菲茨杰拉德，可能样貌并不像，但黑色眼罩，慵懒的睡袍，时空错位的波波头，那浑身散发出来的富贵颓废劲儿，使他与他神似。20世纪30年代，正是欧洲的黄金时代，一个纸醉金迷、及时行乐的迷惘时代。

（1947-1957）

　　迪奥女子是奢华的，又是忧郁的。她与生俱来的贵族气，在雍容的时装中尽情流露。这张画虽然没有描绘最著名的"NEW LOOK"造型，但迪奥对完美的追求和复杂情感，都在这被皮草簇拥的女子身上有所呈现。画的难点在于水痕的处理，第一笔是身体上的淡色长裙，趁湿用深墨强化暗部，墨汁自然流淌到了足部，就形成浓黑的支点。其他部分的皮草也是同样的手法，这些自然流淌的墨痕，表达了迪奥作品中深深埋藏的坠落感。

年轻风暴

（1960-1970）

　　20世纪60年代，欧洲刮起了一场年轻风暴，波波头是女孩子们的最爱，宽大的斗篷上绣着眼睛、叶子和手的图案，裙子的线条末端绽放着一朵雏菊。这幅画表达了我对那个时代的感受，有一点儿超现实主义，或者说它并非仅仅纪念了那个时代，而是杂糅了30年代的超现实主义、50年代的精致、60年代的年轻、70年代的虚空迷幻，有一种超越时空的美。

（1970－1980）

　　摇滚时代是我钟爱的一个年代。披头士的波波头与宫廷式繁杂的褶皱，混搭成一种很奇怪的中性风格，或者说，她雌雄难辨。这幅画是画在卡纸上的，卡纸光滑，大面积的黑色块可以画得干净利落，领口的墨层肌理是用硬的塑料板按压出来的，有点儿像重重叠叠的雪纺花边，模糊柔软的领子与清晰犀利的袖子形成对比，刚柔并济。

宽肩风格

（1980-1990）

　　20世纪80年代，阿玛尼和伊夫·圣洛朗的设计中都推出了宽肩女装造型，这标志着职业女性时代的到来，70年代的迷惘青年们正式回归职场，开始正儿八经地奋斗，女强人的形象深入人心。宽肩造型最早来自文艺复兴时期的欧洲男装，那时宽大的肩部和倒三角形的服饰形象，正塑造着充满了雄性力量的男子，如今，女装借鉴男装也不是什么新鲜事儿了，女性的角色更加多元，更加立体了。

（1990-2000）

20世纪末，解构主义开始兴起。其实早在六七十年代，川久保玲、山本耀司、三宅一生，还有薇薇安·韦斯特伍德就在进行解构设计了，只是90年代的新解构主义更冷酷，带有一点儿极简主义的味道，以海默特·朗为代表。而另一方面，科幻元素、环保主义、混搭等多种风格也此起彼伏。我用这幅将巨大的橙色玫瑰困住并解构的时装画表达20世纪末疯狂与矛盾的多元风格。

彩色作品
请用手机扫码观看

本章
小结

　　水墨时装画空灵、飘逸、清新，带有浓厚的东方气质，但它强大的表现力同样可以描绘出西方时尚的样貌，从本章的图例中可见一斑。所以，仅仅从绘画语言上探索东方特质还是远远不够的。时尚的终极使命是创造出一种引领当代潮流趋势的经典人物形象，从西方经典时尚形象中也可以体会到语言技法之外的、从人物身上折射出的文化、生活、品牌的魅力。下一章，我们将从人物实验的角度，探索中国本土时尚人物的创造方法。

第 五 章

人物实验

本 土 探 索

本土时尚
困境

人
物
西
化

　　本土时尚的一个困境就是人物西化，时装画这个画种自 20 世纪初日渐独立和成熟，西方
审美也逐渐占据了中国时装画的领地，20 世纪早期国内的海派画风现已较为少见，更多地充
斥着欧美画风中金发碧眼大长腿的摩登女郎形象，她是被以插画师阿图罗·伊莲娜为代表的欧
洲时尚插画界创造出来的，曾经雄霸欧美时尚杂志 10 年之久。但从上一章的墨画西方可以看
出，即使是欧美时尚，它的人物形象也可以是多元变化的，绝非单一审美。所以，中国的时装
插画，是否也应该开辟一条属于自己的时尚之路呢？

　　要脱离西方审美坐标，就得进行大量的人物创作探索，从外在视觉上通过人物造型、作画技法进行实验，内在方面对人物个性、情绪进行探索。这些人物就是大千世界中的芸芸众生，她们都有着某些独特的魅力。而中国时装设计师和插画师的使命就是发现本土文化中最经典、最有时代符号性的人物形象，并对其进行艺术加工。

人物灵感

第三节

1 明星、名模、专用模特

　　国外著名的时装画大师有的喜欢使用著名影星、模特为灵感来作画（如左图，灵感来自20世纪60年代的名模TWIGY，大卫·当顿绘制），也有的只画一个专用模特（如右图，是劳拉·莱恩以某个专用模特为灵感创作的），这种方式省去了大量的人物探索过程。因为"著名"本身就是层层筛选出来的，正是因为符合了时代的审美需求，这些面孔才如此富有魅力，一再地被曝光。而专用模特之所以能成为灵感缪斯，就是因为身上聚集了令创作者着迷的某种特质，同时她又与众人不同。

FASHION IS NOT FAR AWAY

（1）你所遇到的印象深刻的人

外在世界总有一些人会激发你的想象，他们统称为"灵感缪斯"。在我周围的世界里，就时不时会出现这样的人物。左图是一名物业管理员，当她来到我家查看漏水情况的时候，我惊讶于她的年轻与老练，圆润的脸庞，细腻姣好的五官，淡定的谈吐，波澜不惊的处事，这一切都引起了我的好奇心。她离开后我很快就把她勾勒出来了，不过我改变了她的着装。这样一个早熟错位的人物形象激发了我极大的想象力。事实上，时装人物的创作与小说里的人物塑造异曲同工，都是带有角色意味和故事性的，只不过，时尚人物更强调流行性，而小说人物则更在意深刻性。

2019.10.

（2）慢慢提高辨识度

　　作为教师，我接触最多的就是我的学生，所以他们带给我很多灵感，渐渐地，我开始形成
自己的人物雏形。她是我的一个学生，我看见她杏仁一般的大眼睛，就忍不住画下来了。这是
一个表面安静，内在情感极为丰富的女孩，所以我用山脉的意象穿插在她的身体中，动物、人
物和植物，也在山中穿行。面对这类作品，我逐渐发现了它们的共通性，或者说，我的作品逐
渐有了人物辨识度。

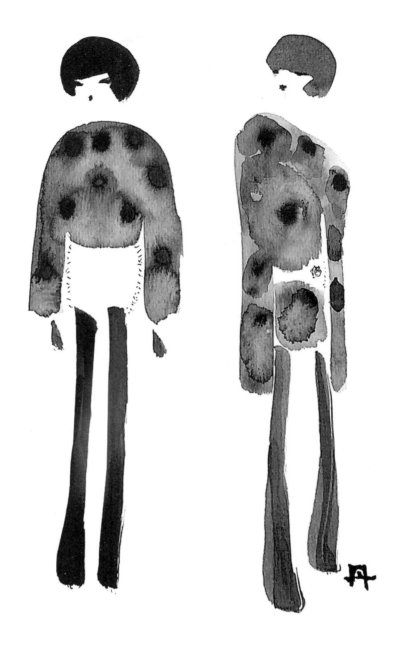

　　每个人的体内可能有两个性情截然相反的孪生子（或姊妹），一个可爱迷人，一个桀骜不
驯。我不知道他（她）们该如何相处，如何沟通。可爱的那个总是在做使人欢愉的事儿，孤傲
的那个总是在做令人扫兴的事儿。但是，缺少了她们任何一个，我又感觉到不完整，所以，孪
生姊妹，就请继续相生相克下去吧。后续的创作我会先发展可爱的那个部分，毕竟，她更容易
被这个世界接纳；而另一个她，则需要慢慢探索。

人物
发型

　　画的作品越来越多，我开始寻找其中有辨识度的元素。首先是发型，人物发型对整体形象有着极大的影响。我钟爱波波头，它既象征着我所向往的几个时代，如西方二十世纪二三十年代的爵士风格，六七十年代的迷你风潮与摇滚文化，又如中华民国时期的青年，当代中国少女的蘑菇头；同时，它还特别适合水墨语言的表达，浓墨一笔，简洁扼要，形态鲜明。此外，我发现同样是波波头，东西方在刘海、鬓角等细节方面还是有所区别的。上图右侧一列的三个发型就偏向西方风格，带有摇滚和爵士的味道，而左侧的六个发型则略带有东方女孩的气质，造型上更浑圆饱满一些。

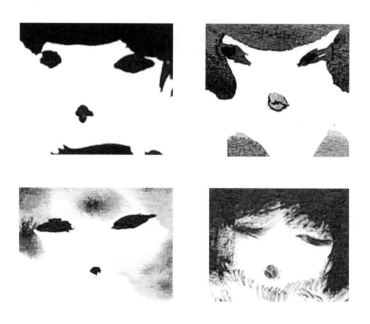

　　人物五官我使用了最概括的剪影式画法，既简练又传神，重点在于眼睛的刻画，表情和个性体现在微妙的细节上，如眼角的上扬或下垂，而弧度最弯曲处是眼珠凝神注目之处。左上图描绘出杏眼圆睁的明晰感，浓墨反衬出肌肤的雪白；右上图眼睛斜挑，塑造出一位成熟而通世故的女子形象。左下图眼睛浓黑，与头发形成虚实对比，上眼线弯曲，最高处略略向中间集中，眼角微微向上，有一种微笑、甜蜜的平和感。右下图的眼睛为干墨轻扫，眼线下垂，形成一种忧伤迷惘的神态。嘴唇以樱桃小嘴为东方女性传统之美，可以略作变化，如左上图的上唇墨点略大，则体现出微微的厚嘴唇，有一点儿性感的味道。右下图用岔开的笔尖点干墨，形成模糊的效果，仿佛少女的唇膏微微抹开的感觉，也很有意思。

人体之美

　　女性人体之美，我用水墨表现，别具一格。淡墨的淡，水痕的柔，简练地表达出纯净之美，如云，如水，如山，如雾。

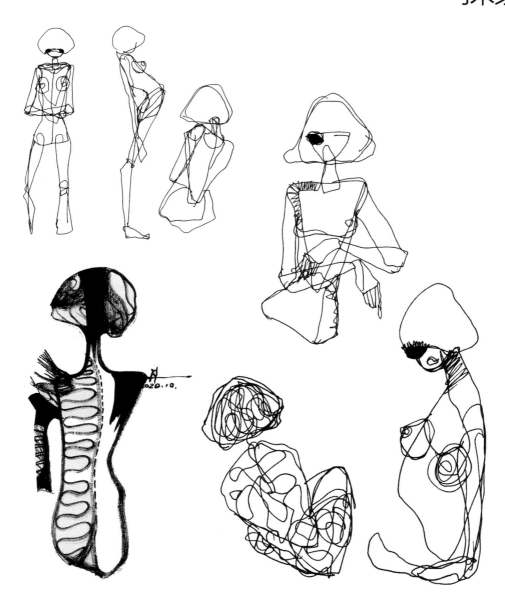

　　在描绘上一页中那人体之美与远山结合的独特形象之前，要进行大量的人体造型实验。你可以尝试各种不同的技法、不同的造型方式去表达人体带给你的感受。这几幅小画是我随手画下的线稿，有一点模仿画家席勒用几何块面对人体进行分割的扭曲风格，也很有意思。经过反复的探索与比较，我发现自己还是更爱水墨的空灵与丰富，所以，我最终还是选择了水墨语言来表现人体。

水墨
人体

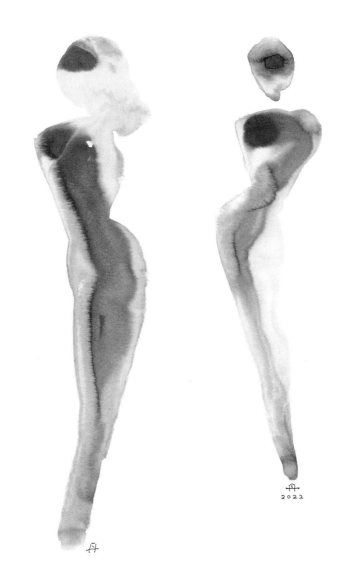

水墨人体灵动、通透，可以表达出丰富而微妙的人体之美。这两个小稿使用了清底冲墨的技法，先用清水画出人体大致的廓形，然后用淡墨冲入，墨在水中自由流动，就形成了最终的画面。我很喜欢这种画法，不画胳膊与手，有点儿断臂维纳斯的味道。这种练习可以帮助我们理解人体曲线的律动和光影之美，对后续的时装画创作也大有裨益。

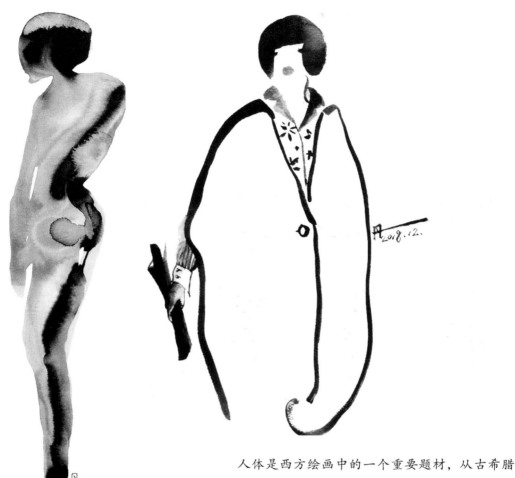

　　人体是西方绘画中的一个重要题材，从古希腊开始，人体就开始被描绘，裸体被认为是美的巅峰。

　　到了文艺复兴时期，由于人类自身主体意识的觉醒，人体解剖也成为绘画艺术的新热点。在时装画领域，欧美作品大多是以人体解剖为造型基础的，这似乎成为时装画学习的一个共识，就是先以重心腿为支点，构建整个人体的姿势，再依据体块关系描绘躯体，最后根据解剖学原理绘制四肢的肌肉曲线与关节，这个流程非常科学，但当它成为唯一的画法的时候，缺点就暴露出来了，那就是千篇一律。在进行了少量的这种标准化人体造型训练之后，我建议同学们可以大胆创新，创造属于自己的人体画法。

　　本页的左图是一种色块剪影式的画法，右图则是完全隐藏人体的画法，没有肢体，没有褶皱，只有隐藏在整体之中的人体想象。这种含蓄抽象的人体表达，似乎更具有东方审美的意味，也独具美感。

人物姿态是时装画的一大关键，它决定了整幅画的大感觉、大构图，不可谓不重要。随着我对水墨艺术的日久生情，我也深深地爱上了书法。一天，我无意中在方所书店看到赵孟𫖯的书法字帖，爱不释手，默读之，竟发现了书法结构与时装画结构的暗合。惊喜之余，我便细细研究了一下，总结出本页中的对应图谱。书法结构中的张弛有度实在是非常适合人物姿态的创作，记录在此，希望对读者有所启发。

　　当姿态之美有了法则，那么姿态的创造就可以信手拈来了。本页图中的人物仿佛从画的深处向观众奔跑而来，她的姿态并非是一开始就设计好的，而是先画出了衣服。衣服与头部的关系、衣服内部的灰色水痕，都顺势带出了斜向下的左腿，它的直率与动势就决定了右腿的提起与被省略，两腿的穿插关系又使双手的姿势得以确定，如书法中的左点与右点。所以，这种方法以点带面、以线带线、顺势而成，一气呵成，既畅快又简便，也是以书法入画的一种方法。

手的表情

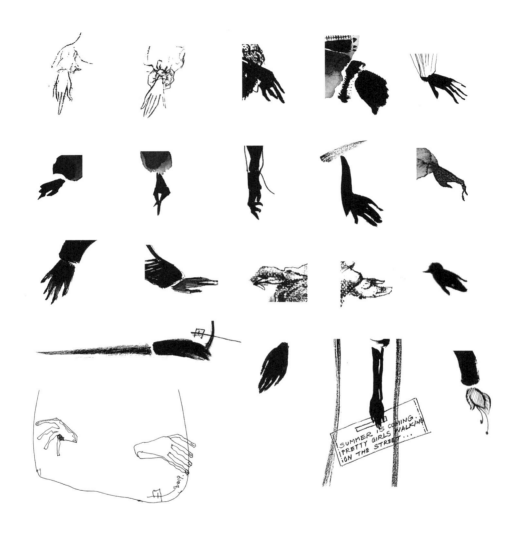

　　手的作用非常奇妙，它是画面的点睛之笔，它使人物情绪更加细腻生动，而手的结构略微有点儿复杂，需要好好下一番功夫，仔细研究，一旦你掌握了它的造型规律，那么，真正创作的时候，着眼于整个人物的大感觉，顺势而为地完成手的描绘，不经意间，它会非常妥帖地放在画的某处，恰到好处，微妙而别致。相对于线描，剪影式的描绘对我来说更加顺手，我会先画一团墨在气韵所至之处，然后再顺势拖曳出细细的手指，特别是拇指的造型，它往往决定了整只手的动态。

　　手的结构，关键在于手掌，因为它占的面积大，而且手掌的方向决定了手的大动态，是手指们的基地，所以手掌要先画。手指分布也有基本规律，大拇指要单独研究透，它的比例、结构、位置都比较特殊，刻画得准确，会使手的感觉更扎实。食指是表情的核心，它的指向就是手的趋向。中指一般比较淡定，没有太大的动态，而无名指比较浪漫，喜欢倚靠在中指旁边，形成粘连形体。小拇指最放松，有时微微叉开，增添手的丰富性。

足部
设计

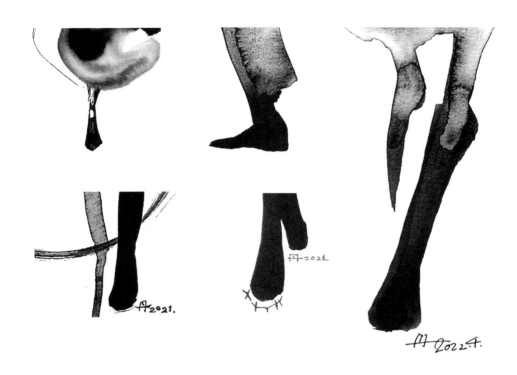

　　关于足部的设计，我发现自己喜欢重点刻画其中一只脚，让它浓黑、肯定、分量十足，另一只脚则随意概括一下。这种画法的好处，一是省事，二是显得潇洒，画面会更加生动。此外，我还喜欢将墨色顺势流淌到足部，使腿与脚融为一体。这样，人物的气势更足，有一气呵成之感。

东方女孩

　　经过长时间的观察，身边中国女孩子们的特质越来越明显，她们那无忧无虑、自然流露的快乐感染着我。有一天备课时，我突然捕捉住了这种感觉，于是，穿着奶牛斑点毛衣的东方女孩就创作出来了。奶牛的性情天然就是那么安足，那么惬意地活在此时此刻的，看，她多么可爱。这个女孩表达了我对本土时尚人物的某种理解，是具有东方式清甜、纯白、活泼的少女形象。

人物对比

西方审美与东方审美

　　左图是 2002 年我在求学期间画的时装画，可以看出它基本遵循了阿图罗所创立的西式女性审美，头身比悬殊，高挑的身材，骨感的结构，五官立体，整体风格紧凑具有力量感。而十几年后我所画出的这个女孩子，则带有了东方美的特质，圆润、柔和、松弛，具有东方式的空灵与包容感。当然西式审美与东方审美并不仅仅只有这两种形象，但如一叶知秋，从中略略可以看出两种文化的特质吧。最终目标并非要与西方不同，而是要找到我们自身文化的美。

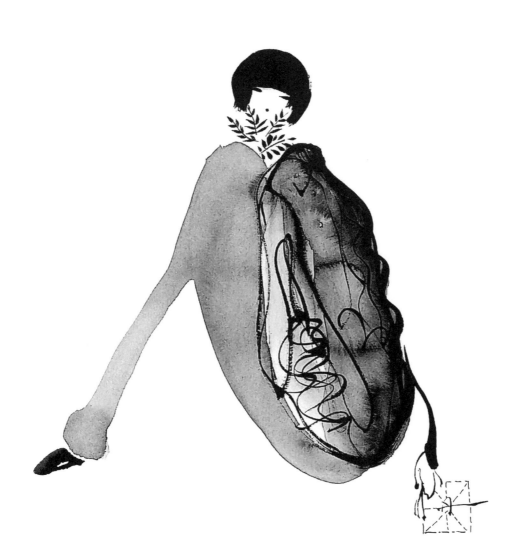

时光，突然造访，清脆的声音，使人猝不及防——嗨！你好！

　　清新可爱的蘑菇头，笑眯眯的乌黑瞳孔，轻软温柔的长毛衣，这少女就是我记忆中的豆蔻年华：坦然纯白，清甜脆爽，无拘无束。

　　这种情绪的表达除了通过人物的表情，还可以通过肢体语言、笔触线条、构图节奏等方面进行表达，更为重要的是作画者自身的情绪，画为心声，正是如此。

　　人物诞生以后，可以进一步刻画人物情绪，一方面会使作品更触动人心，另一方面可以启发时装设计。这幅作品，表现的是一个忧郁的女孩，小草仿佛在歌唱着奇妙的曲子，它是清亮而悠长的，衣裙仿佛岩石，即使岩石沉重，小草依然努力生长着。这幅画受到很多年轻人的喜爱，我想，现在的年轻人应该背负着很大的压力，那种既来自时代又来自自己内心深处的压力，这幅画表达出了年轻一代的某种心声。

　　惊讶的表情，被圆圆的眼镜强化了，整幅画不规则的笔触、擦痕、墨渍都在营造这种意外的、混乱的感觉。高领毛衣和厚厚的围巾表示这是冬季，人物、环境、故事，这些更大的想象空间也就被激发出来了——所以，刻画人物情绪的好处就是：以有限的画面创造无限的故事可能。

　　这张画是我在与朋友合租的工作室里完成的，那天下午，一切琐事都放下了，我坐在高层小公寓里，望着灰蓝的天空，听着人声远去，心里一片虚空，于是5分钟内画下了这幅小画。它正是我那一刻心情的写照——迷茫的情绪是年轻人普遍共有的，而时尚的使命之一正是表达青年群体的情绪。这套衣服上的斑点图案不再像奶牛斑，而像鹿斑，它更加密集，更加不稳定。小鹿的形象在北欧风流行的这几年已成为时尚经典，它与少女的气质也非常吻合，2022年的流行趋势报告里也多次提及动物图案，那么我就将它记录下来，在后续章节的图案实验中进一步探讨。

　　恐惧作为一种情绪，是有很多积极的存在价值的，它可以使我们远离可能伤害我们的人和事、环境和物体。这是一种继承于远古时代的本能，来自自我保护的天性。时装画当然也可以表达正处于恐惧中的人物。事实上，很多时尚风格也是带有惊悚气质的，比如哥特风，就是一个典型。哥特被称为是带有死亡意味的暗黑风格，它将人类的恐惧情绪表达得淋漓尽致，人们因为穿着哥特风格的时装而变得更加无所畏惧。我发现很多年轻人都喜欢惊悚风格，它就像恐怖片一样使人感到刺激和兴奋。

本章
小结

经过这一章节的展示，相信你已经初步了解了本土时尚人物的创作方法，其实并不难，只是很多画者没有去思考这个问题。

它的基本步骤正如目录所示，从周围世界的人物灵感开始，寻找吸引自己的代表性人物形象，再用自己的绘画语言将其塑造出来，这些语言包括发型设计、五官造型、人体姿态、手的设计、情绪的捕捉等，并可通过反复的探索找到最具个人辨识度的人物形象与画法。在这个过程中逐步加深你对本土文化的理解，寻找你心目中的文化代言人。

总而言之，它与动画故事或游戏中的人物设定有点儿像，不同之处在于，时装画不必局限于一个角色形象，也不必完整地塑造正、侧、背面的立体造型，动作设计也比较随意。它可以是一群类似的人物群像，比如我所创造出来的东方少女形象，她们在发型、五官、姿态、着装、情绪上还是各有不同的，但总体上看又同属于"东方少女"这个大类，在技法上也有较为鲜明的个人特色。我觉得能达到这两点，人物创造这个任务就基本完成了。

希望你可以通过本章的内容掌握本土时尚人物的基本方法，创造出属于你自己的经典形象。

创作练习：

① 请搜集你周围世界里的人物素材 (如明星、名模、朋友、偶遇的陌生人或者你自己)，可以通过速写或快照的方式进行记录。

② 从中筛选出最吸引你的人物，对其进行艺术加工。

③ 提炼出你最喜欢的人物特质，提高人物辨识度，如：发型、五官、妆容、表情、姿态、手、服饰、技法等。

④ 将其与本土文化进行融合，提炼时代人物个性。

第 六 章

时装实验

色形图质

色

黑

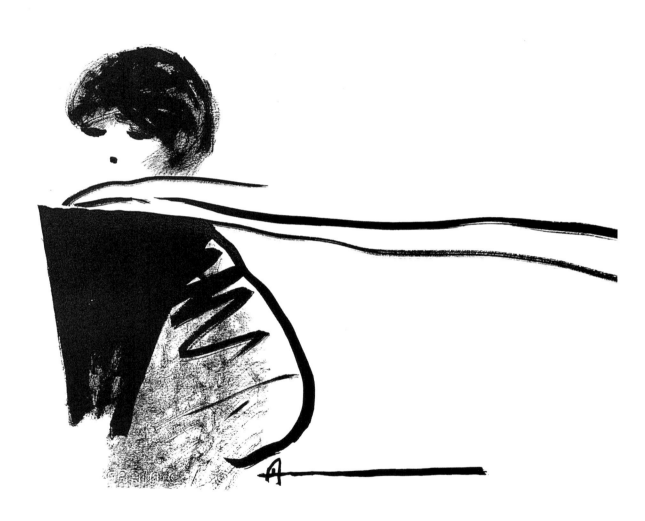

　　这幅画的灵感来自一个美丽的女孩，她如此优雅聪慧，但却经常用坚硬的盔甲包裹着自己，以免他人或自己触碰到内在那颗柔软脆弱的心灵。黑色的三角形为这风中飘起的长线带来了沉重，女孩的眼睛和头发都充满了忧郁，使人难以忘怀。

　　白色是轻盈的，这幅画特意用活泼娇俏的线条表达出一个妩媚可爱的女孩。画的时候，作为画者的我也被她感染，变得开心起来。一种跳跃的、喜悦的情绪，油然而生。黑与白，是天生的搭档，若无白，如何体现墨的黑？若无黑，又如何体现白之洁？

　　灰色是最温柔的颜色，它安静、低调、包容，象征着中国文化中的"中庸之道"，自成一派。灰色又有着最多的层次，从黑到白之间所有的墨色都可以称之为"灰"。灰色是水痕的最佳表现场所，在灰色中，各种情绪情感都可以表达得含蓄微妙，使人意犹未尽。

　　对待人体的不同态度，反映了东西方不同的服饰审美立场，左图我以人台为核心，用堆叠的、快速扫过的笔触和鸟类的造型进行创意表达。虽然很特别，但创意的基础还是扎扎实实的人体，表现出西方审美立场中的"实"与"紧"。而右图，人体虽然也含在衣服之内，也是充实而饱满的，但其中的骨骼肌肉，却不是那么精确，人体的块面起伏也不是那么明显，显现出东方的"虚"与"松"的审美倾向。

　　由此可见，如何画，也影响着如何设计，这是一脉相承的。如果习惯了先画人体模板，再设计衣服，那么创意思维就总是绕不过实体人体的基础坐标轴，就很容易进入西方文艺复兴以来、时装以人体立体结构为核心的设计思维，而很难汲取东方平面化、空灵飘逸的美的营养，在时装设计的道路上就容易以西方时尚为方向，不容易走上自己的道路。

　　人体是"形"，时装也是"形"，人衣关系就是形与形的关系，凹凸有致，交错变化，甚是奇妙，它是时装设计的核心部分，如何处理它，反映了设计者最本质的设计立场。文艺复兴时期，伊丽莎白女王将女性人体的立体造型夸张到了极致，使人趋向于神，后续的西方女装，在这个基础上反反复复、上下求索，近百年来更是创造出了更为多元的时装造型之美，如第四章所呈现的风貌。而日本的三宅一生在二战后以"一块布"的方式，巧妙地将设计的重心从"人体"转移到了"布"上面来，几乎可以说是"釜底抽薪"式的创造，这种设计哲学打破了西方时尚界以人体为重心的垄断思维体系。这启发了我的思考："人"与"衣"还能有什么关系呢？

当我审视我的画时，我发现自己有意无意地进行了某种大胆的创新，那就是，将人体与时装进行了整合，把它们看成一个整体，将人体与时装一起画，帽子、头、头发、衣领、袖子、外套、腿、脚全部是一体的，不是剪影式的单纯的整体，而是点、线、面穿插灵活的整体，时而平面，时而立体，时而流畅的线，时而别致的面，这些点线面又构成了多变的带有空间感的体——并不是说大家都要这样去画，而是说这种看待人体与服装的思维方式，将使我们有更新鲜的设计视角。它将"衣"与"人体"放在了平等的位置，并将两者融合起来。

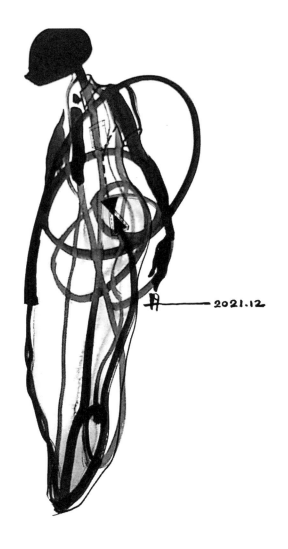

2021.12

（1）空间线

　　重心转移、整体思维，这些都是离开西方时尚坐标的创新方式。此外，就水墨的独特魅力而言，"水"是一大特色，"线"则是另一大特色。线有着无与伦比的表达能力，接下来，我们就以"线"为线索，展开时装的造型之旅。传统水墨中有著名的"十八描"，大家喜欢的话可以临摹，但随着时代的发展，特别是时尚行业的年轻化特点，我更倾向于在水墨实验中发现新的线条功能和魅力。这幅画中的线，我称之为"空间线"，因为它的自由奔放，已经冲破了时装的内部空间与外部空间的界限，有一点儿拓扑几何的味道，何处是里面，何处是外面？界限已经不再分明。

（2）轮廓线

　　时装画中的轮廓线，流动而富有变化，它将时装本身与背景分开，时装的主体性因而更加突出。这幅画中流动的裙摆非常迷人，女主角仿佛在走向某个故事空间。此外，画中还有大量的曲线，头发、眼睛、领子、袖子、手等，它们松散而巧妙地配合着轮廓线的柔软弹性，一起塑造出了一个优雅灵动的女子。

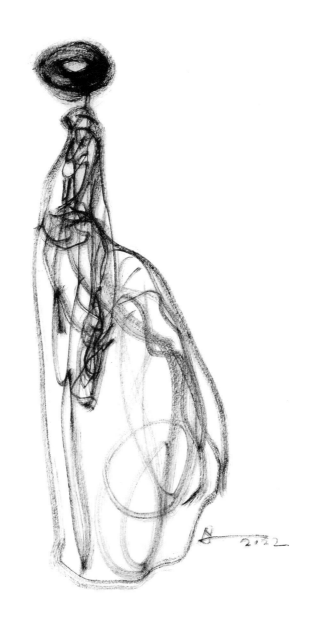

（3）结构线

　　时装画中的线，还可以塑造空间。它带给人多元立体的感觉。这幅画中流畅自如的线条，勾画出饱满的人体空间，它在抽象与具象美之间摇摆，我好像看到了时装的内部空间，又好像没有。这种错觉之美甚是奇妙。

（4）省略线

时装画中的线，有时可以当作省略线。这幅画的服装右侧部分，我就随意勾勒了一些线条，它们没有既定的形态，概括了右侧的图案与褶皱，给人以想象空间。这种画法比较即兴，既可以偷懒，又可以增添美感，何乐而不为呢？

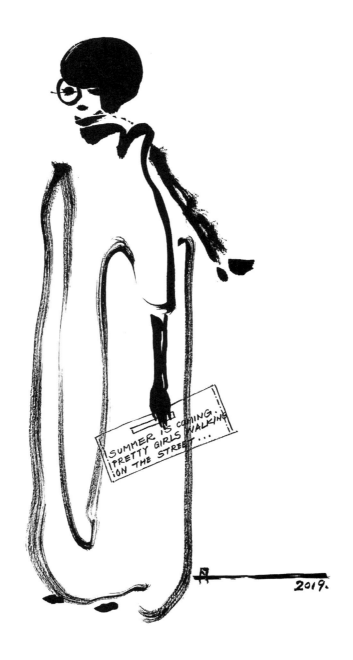

（5）概括线

　　概括线与省略线很相似，但又不同。省略线是把不重要的部分省略掉，留下几条代表性的线条，而概括线则是要把重要的线条提炼出来，凝练出简洁鲜明的形象。这幅画在几分钟内完成，几乎是一气呵成，如有神助，我也感觉到很意外。也许是那天心情很放松，没有什么既定的构思和目标，就顺着几根大线条的走势，勾勒出这样一名闲庭散步的女子，画面很松弛，气息饱满，她手上拿着的透明方形手袋是点睛之笔，别致有趣。

（6）肢体线

　　用线条表现人物肢体，似乎是特别酷的一种画法，简单、率性，不拘小节。这种方式不仅增加了画的速度感，也增添了几许幽默感，既适合画时装插画，也适用于设计草图，寥寥数笔，跃然纸上。

（7）造型线

　　这幅画中的小女孩，穿着古风的衣裳在秋风落叶中伫立，慵懒俏皮，憨态可掬。我在画她的时候，不经意间使用了造型线，如手与手臂、袖子的刻画，每一根线条，都依据造型的需要而产生了粗细变化，一笔下来，既表达了动势，又刻画了造型，倒是一种新的体验，感受到了线条与生俱来的表现力。

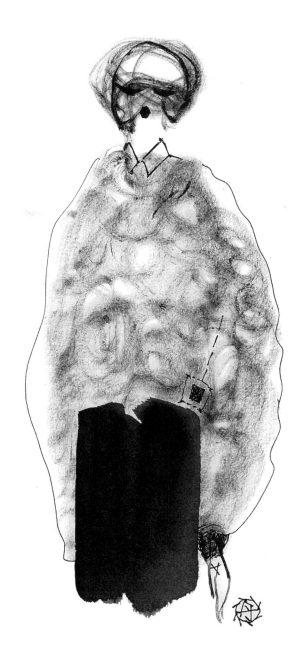

（8）质感线

　　这幅画用笔中残留的一点点墨拖曳出弯曲模糊的线卷儿，特别像毛衣上毛茸茸的线条，领口翻出简洁利落的线条，塑造着硬挺的衬衫领的质感，落款用滚动的短线创造了一个带着荆棘的玫瑰图案。这幅画中很多的线条，都承担着表达质感的职责，使画面充满了细腻的触感，很有魅力。

（9）工艺线

　　这衣服上密密麻麻的点划线，表现出一种细致的、富有秩序的美，它的存在，改变了原先水墨画自由粗犷的气质，使整幅画沉静下来。这些虚线是硬笔画出来的细节，可以用于描绘一些细处的工艺，如绗缝线、绣线、车线、印花线等。这种细节可以增添衣服的质感，使水墨时装画有了一些扎实的感觉。它可以与水墨的线很好地搭档，形成所谓疏可走马、密不透风的对比效果。

（10）笔触线

时装画中的线，以书法的笔触形态出现，则会带给观者一种异样新鲜的视觉体验。一方面，它们依然组成了时装的架构，承载着造型的功能；另一方面，它们似乎在书写着什么，诉说着什么，让你在造型之外感受到一种文字带来的想象。这种实验很有趣，但我尝试得不多，也许在未来的日子里，可以更多地去尝试，去发现更多的书法之美，去体验书画同源的魅力。

（11）装饰线

　　叶子的茎，花蕾的杆，刺猬的刺，羽毛的毛，蒲公英的种子，荆棘上的刺，小鸟的爪痕，时装画中的这些线，在描绘美丽动植物图案的同时，也形成了装饰线，它们的存在，不仅创造了具象的图案，也形成了美的律韵。

（12）情绪线

　　每一幅画的线条都或多或少地表达了某种情绪，只是这幅画线条的情绪特别浓。无论是面颊上的泪痕线、领子刚劲有力的转折线、纠缠繁杂的头发线、身体中若隐若现的墨线，还是肩部拉出的、像木偶牵线的细直线，这些形形色色的线，裹挟着各种各样的情绪，刻在了白纸上。它们共同塑造出一个沉溺、忧伤、绝望的女孩形象。

（13）动势线

　　动势线以快速的笔法画出，既有笔的动势，也有人物姿态的动势，它能使画面活泼生动，意趣盎然。这幅画中飞起的围巾与裙子舞动的下摆，都是动势线，表现了一个在风中疾行的女子，画的时候也非常过瘾，三下五除二，就画完了，爽快，流畅。动势线的难点是，快速的线条有时候会破坏造型的完整性，或者说最后形成的造型往往不太完美，它需要的是画者对不完美画面的容忍，否则，追求完美，犹犹豫豫，动势线就很难飞扬起来了。

（14）辅助线

    辅助线可以给人物动态以支撑或强化，使人物的动势更加鲜明。根据视觉原理，当我们观看一幅画的时候，往往会受到线条的位置、走向的引导而产生力的感受，如这幅画中人物的肩线、腰线、手的位置、裤线都形成向右倾斜升起的动势，而右侧长长的直立的飘带，则使这种升腾的动势更加强化和稳定。很奇妙，画的时候并未思考太多，只是觉得右侧空气回旋，需要一条竖线来压阵，也许这就是中国水墨中气息流动而产生的一种直觉和手感吧。

（15）破势线

　　这幅作品中的签名，和本书中许多作品中的签名一样，都起到一个"破势"的作用。什么叫"破势"呢？就是在整个完整饱满的构图中，寻找一个突破点，用线条刺出去，正如本页中的签名"丹"字的横画，势如破竹，为画面增添了很大的张力，既是点睛之笔，又是破势之线。

（16）混合线

　　这幅画里的线条融合了前页展示的多种线条功能：既有表现结构和造型的，也有表现质感的，更有表现情绪和光影的，还有装饰价值，而且是一线多能，可以说是非常丰富的线条作品。如从领口开始拖曳出的繁复线条，在领子部位就塑造了结构和造型，往下延伸，与水交融出长衣的毛绒质感，同时这块中墨也交代了衣服的固有色比袖子略深，又暗示了阴影，人物可能是背光而立。当然，画的时候不能也不用想太多，否则就难以画出流畅的作品，但画完后，自己的确可以反复琢磨自己的绘画语言，有助于日后的提高。

（1）三角形

　　面由几何形组成。初学画者可能会受到一种困扰，到底是画面中立体几何形的空间逻辑关系重要，还是平面几何形的平面构成关系重要？我也曾反复思考过这个问题，最终我个人选择把平面构成关系放在立体逻辑关系之前，选择的理由来自塞尚的启发。塞尚通过一生的苦苦挣扎，建立了自己的绘画结构和视角，打破了立体透视的清规戒律，他的创作立场给了我很大的启发，又是一个现有秩序的颠覆者。在时装画的领域，将平面构成放在首位，可以突破立体人体模板的约束，也不失为一种新的尝试。

　　有的时装呈三角形，有稳定感和理智感，如飘起的长裙、潇洒的披风、可爱的斗篷等。三角形的顶端为头部，略略前倾，衣角裙角向后，则有一种向前的动势。顶端朝上的三角形天然适合女性，近代西方女装就特别钟爱三角形，它常常用于宽大膨胀的裙摆，无论是巴洛克、洛可可还是新艺术风格，都走在这种细腰大摆的审美路线上，塑造着女性如花朵般绽放的美。

彩色作品
请用手机扫码观看

（2）方形

    方肩代表着力量，特别是在女装中，20世纪30年代和80年代都流行过宽大硬朗的肩部线条，塑造了强有力的女性形象。而当代的时装，方肩也在流行的浪潮中时隐时现，屹立不倒。方的造型掩盖了女性婀娜多姿的曲线美，而给人中性、理智的感受。现代都市"女汉子""女强人"的形象塑造中，方形的功劳不可小看。

　　方形似乎天然带着东方的气质，左图虽然画的是现代的长大衣，但因为笔触与画法随性，使之透着东式的惬意，右图的灵感来自日本街头的混搭风，从这种宽松随意的着装方式中，我才发觉日式街头混搭风也在有意无意地打破西式裁剪中的合体性、雕琢感。看来，方形的时装，离开了人体本身的造型，释放了更多的自然空间，所以，它携带东方基因也就不足为奇了。

（3）梯形

    梯形时装松腰、随意，气度大方、造型简约，带着酷酷的中性风格。它介于方形与三角形之间，有稳定、理性的一面，也有独立的艺术范儿。这件衣服的独特气质一下子吸引了我，加上黑色礼帽、九分裤和方头鞋，再戴上黑色复古墨镜，竟然打造出迈克尔·杰克逊的风格了，大赞！

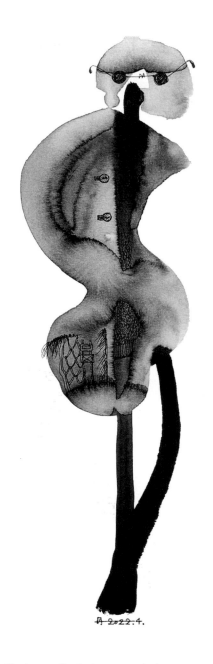

（4）曲面

　　曲面富于弹性，它很好地展现了人物的灵活性，我在画这幅画的时候，心中并没有明确的形象，不知不觉地画完，才发现他有一点儿像我的一个老外邻居，瘦高、呆萌，有一点儿遗世独立的感觉，又带着一丝爱因斯坦式的幽默感。或者这就是习惯了形象思维的我，无时无刻不在捕捉周围有意思的人和事，自动地储存在大脑中，作画时，如果不进行预设，它就会自然而然地流淌出来。总而言之，曲面这个元素的确是把他颤巍巍的、富有灵性的、柔软的一面呈现出来了。

2022.3.

　　与方形的直截了当不同，曲线的弹性、蜿蜒变化会带给人更轻松愉悦的视觉感受。曲面最适合表现女子美丽丰饶的体态。左图用圆润弹性的曲线画出袖子的弧度，右图用柔软的笔触勾画出摇曳生姿的背影。这些曲面非常迷人，它们温柔可人，流光溢彩。

（5）多边形

多边形是时装基本造型中最常见、最丰富的一种形态，因为服饰的社交属性，单纯的几何形难以表达更为微妙的社交立场。多边形则变化多端，可甜可盐，进退得宜。它既比方形显得柔和，又比三角形更知性，同时不像曲面造型那样性感，显得更为含蓄，所以，多边形是时装造型中适应性最广、表达能力最强的一种造型。这幅画中，优雅的长裙就是多边形，内敛含蓄，高贵优雅，衬托出波点衬衫的温柔雅致，十分得宜。

　　很多时装都是多边形的形态，西装、衬衫、夹克、裤子等，它们在几何形的节奏变化之中遵循着美的规律，或潇洒，或别致。这幅画尝试创造出两款既类似又不同的西装外套。虽然都是窄窄的长袖，收腰 A 字裙摆，窄肩造型、无领的开襟，但左图的袖子略为宽松、衣长略短，右图的袖子略窄、衣长略长，加上两件衣服有着不同的图案，一个圆点，一个是蝌蚪纹，一个配白衬衫，一个配黑毛衣，最终效果就很不一样了。左图温文尔雅，右图硬朗帅酷，看，时装设计就是如此微妙。

（6）造型细节——帽子

　　帽子是时装的一部分，它在人物形象的至高位置上，有着画龙点睛的重要作用。我喜欢在帽子中用墨色点染的技法，画出微妙的肌理水痕，表达人物的内心情绪。这幅画忧郁清新，墨色在浓墨与淡墨之间自由转化，特别是中间的一团淡墨，仿佛溢出的一团空气，格外别致。

　　帽子的造型千姿百态，多为圆形，其重点在于与五官气质的配合，无论是别致的、小巧的，或是巨大的、奢华的，各种帽型出现的目的都是为了衬托出主人公的迷人气质。我喜欢处理帽子与眼睛的微妙关系，因为它总是有意无意地泄露人物的内心故事，是增添画意的绝佳部位。

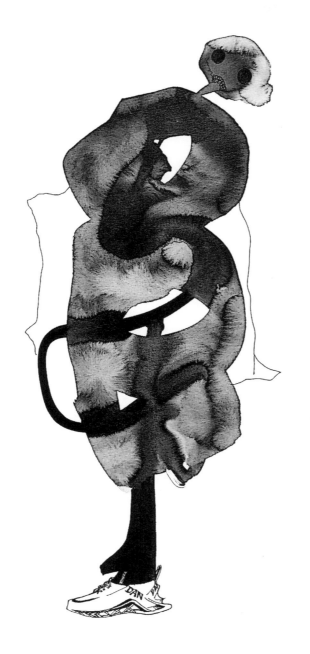

(7) 造型细节——鞋子

　　这幅画，我特意找了一双鞋子的实物照片作参考，以硬笔勾线的技法描绘出鞋子的细节。这是一种新鲜的体验，因为一只具体的鞋子走进了一幅半抽象的水墨画，感觉很奇特，有一点儿波普的味道。水墨与波普，就这样奇奇怪怪地连接在一起了。事实上，时尚水墨画正是借助了当下的现实世界中流行的各种元素，将水墨这种高远的语言拉近了，将它贴近烟火人间。

　　我一开始不喜欢画鞋子，就想浓墨一笔带过。可是慢慢地，我发现鞋子也很有趣，它们各式各样，可方可圆，可以很好地表达人物的个性。总体来说，我都是画到哪儿，就设计到哪儿，也就是说，鞋子一般都是根据画面的需要临时创造出来的。但感觉每双鞋子倒是和那一幅画中的人物很搭，精致的、酷帅的、优雅的、可爱的、别致的、时尚的，恰到好处。

（8）创造造型

　　就像中国的七巧板可以拼出千变万化的图形，利用圆形、三角形、矩形、多边形，你也可以创造出丰富多彩的时装造型，这种平面组合的思路，可以抛开之前谈到的西方文艺复兴之后的立体造型思维，有一种新鲜的、现代又古老的平面性。说它现代，是因为西方的架上绘画在 20 世纪才从立体透视走向平面构成，而古老，是因为古代服饰多为平面裁剪，古代绘画也多为平面化的，如埃及壁画、希腊瓶画、中国汉砖等。这也是一种具有创新性的时装造型设计方法。

图

动物图案

　　动物图案有一点儿像是人物的小小代言人。这款衣服来自于国内品牌的一款产品，那只黑色的毛茸茸的小兔子，仿佛是女孩体内的精灵，忧伤、孤独又帅酷，我很喜欢它，就把它画下来了。还搭配了时髦的拼色黑牛仔裤，以及黑白条的紧身衣，大大的凉拖鞋。水墨画要融入时尚元素，就是要汲取此时此刻的潮流。各大品牌在追求时尚度方面都是不遗余力的，所以，灵感是源源不断的，只要睁大眼睛，随处可拾。

　　火烈鸟有让人惊艳的粉色，而水墨火烈鸟则捕捉了它长长的优雅的身影。这件风衣外套，因为有了火烈鸟的图案而更加别致。水墨图案的流淌性与签字笔轮廓的大方肯定形成对比，有一种宽阔的包容感，似乎温柔的鸟儿可以飞到辽阔的白色盐湖上自由栖息。所以，图案外部留出的空间，也是设计的一部分。

　　动物斑纹是一种非常有趣的装饰元素，有很多类型，如斑马纹、鹿斑、虎斑、豹纹、蟒纹、鱼鳞、孔雀羽等，每一种斑纹都仿佛将动物们的个性带到了衣服上。比如奶牛斑纹，在柔软宽松的毛衣上，洒落着随意圆润的大块黑斑，形成一种懒洋洋又舒展的风格。小鹿斑带给人活泼纯真的感觉，蟒纹则会给人以野性难驯的感觉。善用各种动物斑纹，可以为时装设计增添许多风味。

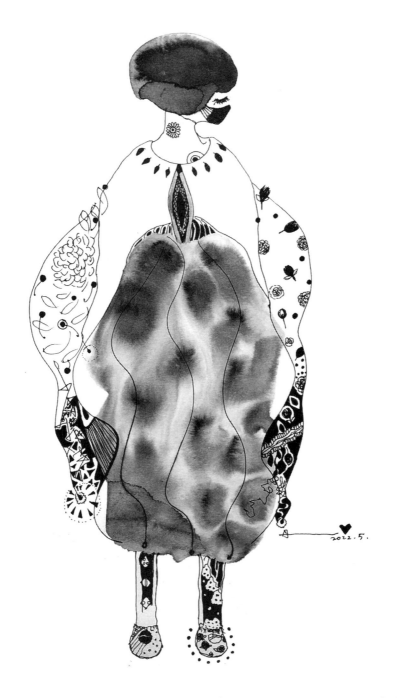

2022.5.

　　有一个诗人写道："我的孤独是一座花园。"我在画这幅画的时候，好像也在花园之中，既孤独又丰盛。是的，画到深处，就达到了忘我的状态，眼中只有那墨色的节奏，心中只有那繁花盛开的意象。我感觉到我与白纸和墨融为了一体，既喜悦又疲惫。也许，这就是"心流"产生的时刻，似乎可遇而不可求，但只要全神贯注，似乎又常常可以遇到。大概这就是画画这件事送给画者的礼物。

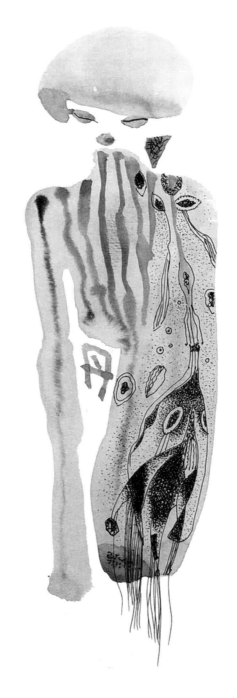

　　这幅画用淡墨打底，趁湿用中墨画线，等水墨干透后，使用硬笔介入，画出线条与点阵，勾勒描绘出植物的纤柔细致。图案与人物是天然合一的，这个女孩子在淡墨中也呈现出一副脆弱的气质，与植物融为一体。我很喜欢这种用人物身上描绘的植物来表达内心情绪的方式，藤蔓伸展、枝叶下垂、种子沉睡，它们都有着某种诗意的象征。

　　这幅画使用了墨色晕染的技法，得到底层渐变的墨韵，然后等水分略干，再画上植物的剪影（层叠画法），感觉这种画法很特别，似乎在人体内展现了一幅夜幕下月光与植物的奏鸣曲，既神秘又斑斓。多种技法的混合使用往往会形成出人意料的效果，我很少将这两种技法混合使用，这幅画的效果带来了一些启发，可以继续探索，特别适用于那些图案复杂的时装。

　　水墨是天然适合表现风景图案的，可以先随意地用淡墨画出要创作风景图像的区域，如这幅画的上衣中间位置的长方形，然后用不同浓度的墨色进行点染，等它自然晕染、化开、干透后，再进行简略的加工即可。我在这块小小的墨色涂鸦中看到了一幢小小的白色房子和一棵树，于是就用油墨签字笔略加勾勒，然后又加上了忧郁的大圆波点。先水墨，再油墨，这个顺序也和服装印花工艺中先水印再油印的工序吻合，甚是有趣。

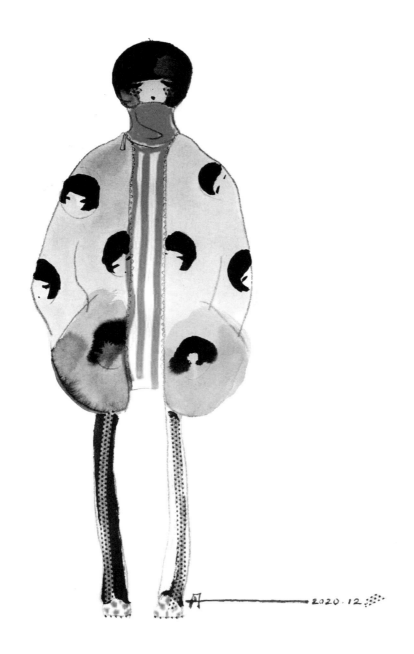

人物图案比较有故事性，这幅画衣服上圆滚滚的脸蛋儿图案和女主角如钢盔般的波波头相呼应，很有点儿赛博朋克的味道。细长的双腿上贴上了波点小贴纸，带给画面一点儿幽默感。我还在腮红的位置上贴了一点点贴纸，圆形图案、圆形发型、圆形波点，整幅画到处出现的圆形带来了律动与躁动，不安分的年轻人！

彩色作品
请用手机扫码观看

几何图案虽然简单，却也能表现丰富的意象。这幅画在女孩的喇叭裙上勾勒出不规则的曲线，旋转的笔触，仿佛是牵牛花细细的藤蔓，又像是跳跃着的爱心。曲线本身弹性、活泼的感觉将大自然中存在的普遍的美捕捉下来了。这就是几何图案的魅力，它富于联想性，同时又不拘泥于具体的一草一木。

与曲线几何图案不同，直线几何图案在节奏感方面更胜一筹，因为直线更易把控，更能形成规律性的重复。这幅画的亮点是下垂的手，它仿佛也像衣领上的折线一样，在手指中形成了小小的节奏，很有趣，也很配合整幅画的音乐感。

　　这幅画从头部中央开始，画出了黑色的织带。织带上的留白有点儿像是绣在上面的文字符号，在时装中，这些织带通常都绣着品牌的名字。然后，锁骨中央的方形标牌，胸口的黑桃队列，都是符号。使用这些符号是灵光一闪，因为那个位置突然不知道该画什么了。画上符号以后，就多了许多的联想空间，符号就好像冰山的一角，浮在水面上，而水下还有庞大的部分，充满了神秘感。

2022.5.

　　这幅画里有孔雀羽毛，有荆棘，有嫩叶，有仙人掌的小刺，还有头脑中被两股力量加持的爱心，它们暗示了一个处在矛盾之中的女孩的故事。通过对图案的象征手法的学习与探索，可以发现在时装插画与设计中的某些共通之处。流行的图案总是有意无意地包含着某种时代寓意，理解了时尚的寓意，就理解了时装设计师工作的本质：为时代写诗，只不过诗的语言是衣服。

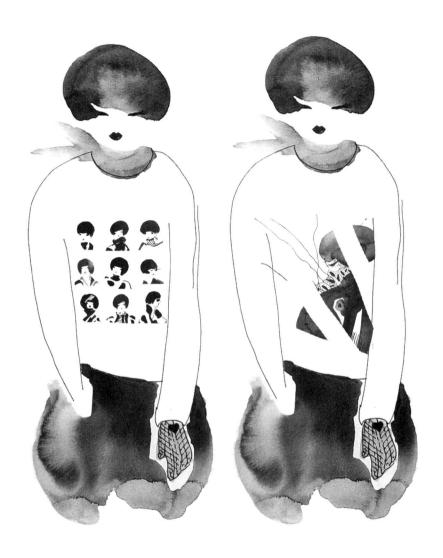

　　插画图案能达到画中画的效果，画出留白的衣服，挑选合适的时装插画，进行拼贴处理（可以使用电脑软件，先扫描，再合成），就可以得到各种各样的、衣服上有插画图案的时装画。这种方法可以大大丰富时装画的装饰元素，本书所展示的时装插画都可以经过裁剪、变形、拼贴等方式成为时装的图案。

　　创造图案的方法有很多，我喜欢用"体验水墨""顺势而为"的方法，例如这幅画，大波浪的长发带给人海洋波涛翻滚的感受，于是我顺着它起伏的动势，继续画出上下起伏的曲线，并在线条的波浪中加上跳跃的圆圈，像是漂浮在海面的泡泡，十分有趣，后来又加上了眼睛的图案，饰以花边，仿佛是大海中荡漾的神秘生物，在追问人生的哲理。应该说，这些图案的涌现都是自然而然的，受到了水墨肌理的启发。这种方法非常省力，而且使图案与人物、衣服融为一体，十分协调，也是整体思维的一种体现，很值得一试。

　　自然成画是创造图案的好方法。这幅画里浓重膨胀的衣身和斑斑驳驳的墨色，让我联想到荷塘月色，于是我在墨渍的空隙里画上向上生长的植物花苞、藏在草网中的签名、下垂的叶子、藏起来的脸庞，以及方硬的帽子、古老的平底布鞋。将它们拆开来看不是特别华丽出彩，但放在这幅画里，却与墨韵非常契合，使人物和时装更加完整。这种看到哪儿就画到哪儿的方法就是自然成画，没有太多的谋划，没有太多的刻意，顺势而为，点到为止，反而更富有创意。

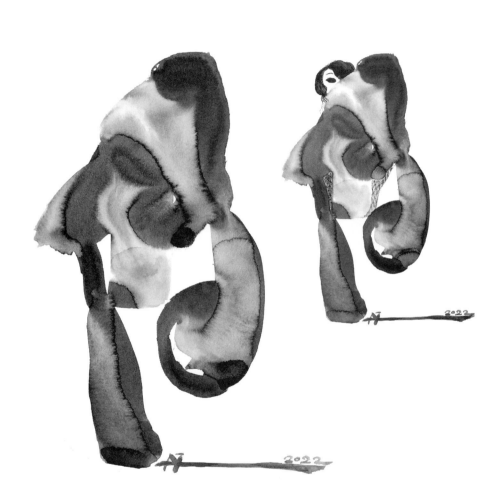

　　质感想象的方法特别适合水墨这种画种，因为水墨的难以控制，使之在作画过程中会发生很多意外，而这些意外若能善加利用，则可以成为美丽的肌理。如何善加利用？就是发挥想象力，看着它像啥就把它画成啥。比如这幅画，我画完第一遍水墨肌理之后，发现它很像一件厚厚的外套，像是麂皮和绒料的拼接效果。于是我就在头部、腰部加上非常少量的线条，完成头部和腰部的细节刻画，整体水墨肌理几乎完全没有加工，原汁原味，它在新添加的线条细节的加持下，变得更加厚实，太奇妙了！

　　蕾丝面料的关键在于镂空，刻画得既不能太粗，也不能太细，而是要粗细得宜。为什么呢？因为蕾丝的花纹一般都比较精致复杂，局部还好，大的蕾丝面料如果刻画得过于精细，则需要耗费大量的时间，而且画面效果容易死板僵硬。画得太粗糙自然也是不行的，失去了蕾丝的性感细腻的美。如何得宜？秘诀就在于松与紧的配合。大的图案骨架可以用干墨擦出，形成朦胧的网纱质感，然后挑选某个局部进行精细刻画，如裙子的右下角，其余的部分则粗略画出类似图案即可。

　　牛仔裤最大的魅力就是洗水效果，洗水是一种后整理工艺，通常包括普洗、石磨、砂洗、漂洗、雪花洗等多种方法，达到整体或局部褪色、柔和、做旧等不同的效果，增加牛仔裤的沧桑感或肌理感，提升其吸引力。水墨时装画很适合模仿洗水效果，可以在不同的墨色渲染的底色上用硬笔画上牛仔裤的另一个视觉特征——明车线迹即可，简单方便。如果还觉得不过瘾，就可以像这幅画的右裤腿那样，画上刺绣图案，刺绣工艺可以用短促的直线加以模仿，有一点儿像就可以了。

2021.2.

粗线毛衣的特点是，粗糙而柔软，宽松而没有既定的形态，所以这幅画在初落笔的一团墨色中牵引出粗粗的黑色线条，延伸成领子的造型，墨团底部则延伸为紧缩的袖口，一松一紧，形成对比。水墨非常适合表现松软、毛茸茸的质感，各种粗细的毛线、皮草、植绒面料，都是它擅长的品类，大家可以多多尝试。

　　这幅画主要使用了干墨画法，笔上的水分极少，把非常干燥的笔在纸上进行轻轻摩擦，形成非常奇妙的朦胧感，无论是头发、眼睛、毛衣、手，都在这朦胧的形态中，达成某种温柔的气度。干墨画法很适合表现粗糙的、毛茸茸的质感，非常适合描绘柔软的毛衣。

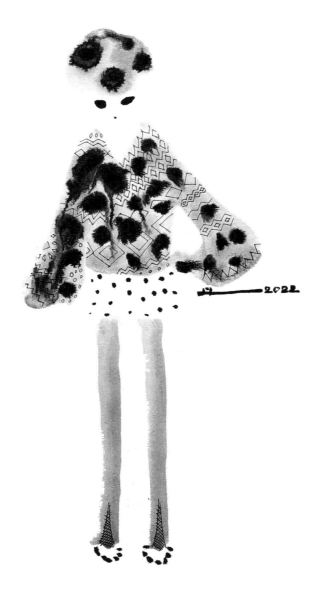

　　这幅画非常可爱，有点儿像一位呆萌的外星人，黑漆漆的眼睛，直直的站立姿态，加上衣服上四处散开的墨点，好像没睡醒。我在墨点之外，用油墨签字笔勾画出细致的几何线条，有点儿像机织的毛衣纹路，而这些纷乱的墨点则像是毛衣上的钩花图案，既奇怪又有趣。窄窄的紧身裤脚再画上细细的网纹，帽子上再点染出浓黑如眼睛般的墨点儿，整个风格都透着一股怪诞的味道。可见，肌理质感的描绘也是以人物特点为中心展开的，正是呆萌如外星人的主角促成了衣服质感的诞生。

柔软的绒料会自带一种如水波似的光泽，这是它与皮草、毛织面料的不同之处，这幅画的
上衣就似乎表达出了这样的水波光泽，加上在淡墨中发散开的墨线，也表现出绒毛的质感。我
依然是用自然成画的方法，画出来像什么，就当它是什么，继续加以衬托、刻画。如果先设定
这幅画要画绒料，可能是掌控不了墨色的水痕的。所以，水墨时装画，是让自然来参与设计，
而不仅仅是用头脑进行设计。

　　大皮草雍容华贵，很有气势，它包裹着人的身体，带给人温暖安全的感觉。先用饱含水分的中墨，在纸上自由涂抹，然后换笔用浓墨画出带钉子底的短靴，在墨色淋漓的衣服中用油墨签字笔点出若隐若现的腰带和门襟。总体来说，这幅画一气呵成，粗中有细，倒也别致。右侧胳膊上画出一条细细的荆棘，似乎是为了与左侧的温暖柔软形成质感的对比，这样画面才能够平衡。

2021.2

小皮草绒毛短而细腻。这幅画的上衣无意之中表现出短绒小皮草的质感，浓黑的线条笔触水分不多，很快就差不多干了，这时用清水将它刷一下，则会刷出淡淡的灰色，笔触周围也会渗出淡淡的墨痕，不是非常夸张的效果，正好适合小皮草的质感特点。画面中其他的部分就是配合这块主面料的风格了，如领口细腻的褶皱，裙摆上富有节奏的笔刷痕，它们相互映衬、彼此呼应，形成某种音乐感。

　　皮草拼接，是另一种趣味，用清水点墨的技法，点出堆积的小块肌理，墨点发散后形成一种毛茸茸的感觉，仿佛是拼接的皮草，既有富贵气，又有着某种江湖侠气，特别是加上黑色的面纱与半截手套之后，冷酷的气质隐隐浮现。

衬衫的质感最容易表现，简洁硬朗的线条，标识性的衬衫领与袖克夫（袖口），再加上印花图案，就可以简明扼要地描绘出一件棉质衬衫。因为衬衫面料一般厚度适中，为棉质或涤棉混纺，所以不需要表现边缘厚度，轮廓线较为直挺，褶皱较少较随意。如果是丝绸类轻薄面料制成的衬衫，则可参照后页丝绸、缎料、雪纺等材质的表现。

彩色作品
请用手机扫码观看

　　透明面料其实并不难表现，特别是水墨这种表现能力极强的媒介，只要在某些部位若有若无地扫上一层淡墨即可，如这幅画中衣服的腰部，正是那一抹淡墨将仿佛散开的其他部位连接在了一起，透明材质有这种魅力，它能使画面达到一种形散神不散的奇妙境界。

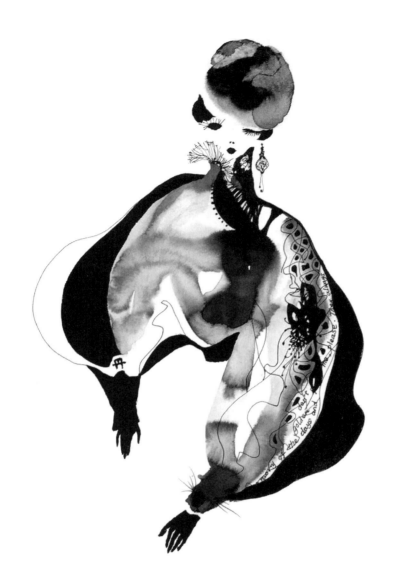

高光：淡墨舒缓柔和，塑造出光滑的质感。

廓形：曲线飘逸，显示出质料的柔软。

线条：左边轮廓线细而富有弹性，体现出面料的轻薄。

装饰：右臂上的图案精致复杂，描绘出刺绣印花的精细感。

对比：领口的褶皱用短促的直线排列，描绘出细致紧凑的褶皱花边，与光滑的主面料形成对比；右肩上一条造型清晰的黑色线条，刻画出内搭吊带的贴身感。

总而言之，质感的表达无处不在，变化无穷。

　　淡墨中饱含的水分，使浓墨点染出意外的效果，流动的意象就这样诞生了，要画出轻薄飘逸的质感，可以先用清水造型，再依次点染淡墨与浓墨，并适当留白，这样，水墨交融，有一种膨胀飘逸的感觉，仿佛风吹起了轻薄的面料，而空白的部分就形成了高光，表现出光滑的质感。这样的质感效果其实是意外获得的，起笔时并没有太多的构思，只是顺势而为。大概，这就是水墨画最大的特点，无法预料，又出乎意料。

　　混合质感的有趣之处在于不同材料之间的相互搭配。这幅画就描绘了各种不同的质感：有厚而硬的帽子，蓬松堆叠的头发，硬挺的皮革马甲，柔软轻薄的网纱，松软厚重的针织裙，硬朗的长靴和复古手提包。它们层层叠叠，变化多端，就像一道口感丰富的美味菜肴，十分诱人。

　　【技法小贴士：拼贴法，这个方法可以增加画面的层次，比如头发，我就用圆形半透明的墨色渐变小贴纸堆叠在一起，半透明的特性使它很好地与画中的墨色相融，裙子上的圆点也是同一种贴纸。复古箱包使用的是这类图案的小卡片，一次买一盒，可以慢慢挑选合适的图案，再用胶水贴好。】

贴纸
妙用

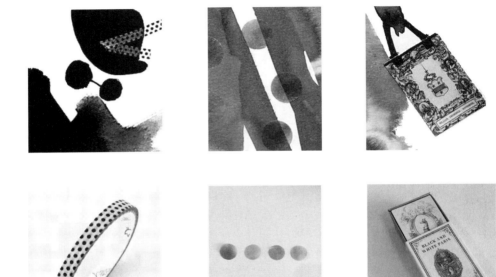

　　上一页提到拼贴贴纸的技法，非常有趣。对于水墨时装画来说，贴纸可以在细节方面增加许多亮点，而且透明贴、半透明纸的出现，也使贴纸图案能更好地融入画中。贴纸带来的效果通常是用水墨技法无法达到的，比如左上角的帽饰带，用绘画工具的话，可以用白色丙烯进行覆盖，然后用油墨签字笔画点，但如此小的面积，很难像贴纸一样齐整干净。又比如中间的圆形贴纸，用墨色晕染的话，可能难以形成如此规整的圆形边缘线。右上角的小卡片就更不用说了，手工描绘耗时费力，也不一定能达到这种精细印刷的效果，实属浪费精力，还不如遵循鲁迅先生提倡的"拿来主义"，无论什么现成的素材，只要好用，就尽管用。此外，贴纸本身的材质也可以增添画作的微妙质感层次，形成一种薄浮雕的感觉，锦上添花。

　　创造质感可以在质感想象的基础上进行拓展，根据水墨的随机肌理创造出非常规的面料质感，比如这幅画，水墨自然形成了这种黑白反差较大的水痕肌理，我一时之间也想不出它像什么质感，皮革的话色泽要更加柔和，皮草的话毛茸茸的效果要更强，丝绸的话明暗过渡不够自然——真是伤脑筋，所以我就把它搁下了。等过了几天再看，咦？这不是有点儿像金属反光的涂层面料吗？虽然比较少见，但也很有创意，于是我开始研究金属反光面料的特点。

　　金属反光面料的特点就是明暗对比较为强烈，会形成弯曲的镜面效果，明暗色块比较大，领口部位的墨痕最为相似，其他部分就点到为止了。在加工这类富有想象力的作品时，我更感兴趣的是如何添加各种有趣的细节，使画面更丰富，更有魅力。贴纸为作品带来了新的可能，特别是裙子上的两个贴纸，一个是文字段落，一个是小幅的完整插画，这两个趣味性的细节，让我联想到这条裙子可以添加的刺绣或装饰布艺。所以，创造质感，不仅仅在主面料上可以做文章，在辅料方面也可以发挥创造力。享受质感游戏，就是其中的秘诀。

第 七 章

故事实验

浇花的
女孩

　　这幅画在半抽象半具象之间，似乎是水墨的自由书写自动带出了主体的部分，然后我看见了一个女孩，添加了微闭的眼睫毛，黑色的水壶，以及遗落的手掌。有一点儿神秘，又包含着某些自省。也许，这个女孩正沉浸在孤独之中，尝试着自我灌溉，自我滋养，自我疗愈。也许，她忘记了自己并不是一株植物，而用错了工具。

　　这幅画的灵感来自电影《七月与安生》，我仿佛看见两位女主角正是作者的两个自我，一个自由不羁，想要安定；一个被束缚着长大，想要周游世界。她们彼此纠缠，亦彼此祝福，在荆棘丛生的世界中，开出一条路来。

　　"扑克牌镇"，这个名字我很喜欢，画中的女孩灵感来自我的一个学生，她沉默而富有灵性，忧郁而充满了奇思妙想，我感觉她被禁锢在某种力量当中。扑克牌象征着变幻莫测的迷阵，她深陷迷阵，正在苦苦挣扎。当然，世事变化，两年后我再见到她时，她已经变得洒脱自信，脱胎换骨了——插画故事，由主角、情绪、状态、道具和可能发生的故事组成，创作起来可以天马行空，很有意思。

　　那一刹那，心儿怦怦直跳，几乎要从胸口跳出来，而嘴巴似乎被封住了，什么也说不出来了，内心波涛汹涌，难以平息。这可能就是心动的刹那吧，既沉醉其中，又无法言说，只能用动荡不定的水墨将这种情境表达。故事，大概就在这矛盾之中产生。

　　绝尘而去的背影，忧郁弥漫的情绪，她让我想起电影《长夜漫漫路迢迢》中凯瑟琳扮演的女主角，她在漫长的岁月中逐渐枯槁的人生深深地触动了我，于是起了"长日漫漫"这个名字。水墨的天然优势就是捕捉意象，当我无意中画出这样柔软的墨色造型时，隐隐约约地看见了一位披着斗篷离去的女子，于是就描绘出了她的侧影，以及黑色的翻领，细节的加工使用了油性的黑色签字笔，增加了画面的锐度和可能性。

　　看了梁永安教授在"从小说到电影"视频课中对《呼啸山庄》的解读，心中就出现了这样一个朦朦胧胧的女子形象，在浓墨的重压之下，飘着淡淡的灰色的心，蝴蝶结如飞鸟的翅膀，有一种暗黑童话的美。

　　创作水墨插画我一般不画草图，也不做预先的构想，这样，面对白纸时可以把大脑放空，即兴创作，就是前面提到的潜意识作画。但偶尔画画草图也挺有趣的，虽然最终的插画与它会有很大的差别，但是草图可以在几秒钟之内将心中朦胧的意象凝固下来，这样大脑就可以放心休息，不用老想着这件事儿了。左图就是用黑色签字笔记录下来的初稿，我看着它，感觉挺可爱的，笼子与衣服的结合很有趣，但正式作画时，笼子开始变大、变重，水墨的情绪捕捉能力开始显现，笼子的象征意味就在这变大变重的过程中更加明确了。随着笼子的变化，头上的飞鸟饰品、袖子也都膨胀起来了，腿部被困在了笼子里，被画上了波点，显得有些滑稽，像戏剧中小丑的裤子。灰色的心与灰色的披肩则在黑色的衬托下愈发显得轻盈。总体来说，这幅画非常完整、安静、富有力量。

插画灵感

时装效果图

时装系列设计草图

　　时装插画会给我们带来很多的灵感，为了更直观地表现插画灵感与设计之间的关系，我在右侧将插画的局部截取下来了，包括蝴蝶结、黑白灰节奏、网格与波点等视觉元素，其实灵感的汲取并没有这么简单生硬，你可以吸取任何触动你的点，然后把它进行时装转化。右下角是转化过程中记录下来的小稿，左侧图是第一款时装设计效果图。我进行的是成衣化的设计，所以更讲究服装的可穿性、流行性，对插画中的很多造型进行了简化和流行化处理。如果是设计舞台戏剧服装，则可以保留更夸张的效果。

　　这一页展示了根据《白鸟之殇》插画灵感所设计的系列时装，包括了左起两件小礼服，第三款是比较大气的礼服，可以参加比较大型的活动，比如艺术展的开幕式或者一些大型的聚会，第四件是该系列的睡衣款，第五件可以是外出休闲逛街或参加朋友聚餐，或时尚行业上班族的日装。整个系列比较轻松活泼，将编织网格、棋盘格和波点系列进行了有节奏的穿插，有一点儿幽默感，又有一点棋盘格元素的神秘感。棋盘格元素近年来比较流行，可能寓意着命运的变幻莫测与博弈的可能。

结语
创作的奖赏

创作，到底是怎样的一件事儿，为什么很多艺术家孜孜不倦地、乐此不疲地常年创作着，仅仅是为了出成果？出书？为了名利双收？创作的奖赏到底是什么？当我问自己这个问题的时候，答案就在那儿，明明白白。

画画对我来说，实际上是一种充满了未知和冒险、充满了愉悦感的事情，或者说，它是成本非常低的精神按摩。我在画画的过程中慢慢地放松下来，逐渐享受到自身的轻盈与消融，进入如心理学家米哈里·契克森米哈赖所说的"心流"状态。那是一种忘我的状态，既专心致志，又浑然忘我，幸福充盈着我的身心，使我感觉到既安静又充实。

在很长一段时间里，我心里并没有写这样一本书的打算，只是单纯地喜欢画画，喜欢在厚实的白纸上自由流淌的墨汁，喜欢水中的墨韵，喜欢黑白的线条。我只是一个用画画抚慰自己、宠溺自己的人。在那静谧的时刻，人声远去，世界退到一个小小的角落里，所有的琐事、烦恼，都消失了，只剩下我、纸和笔。我就在这寂静无声的白雪中融化，成为万籁寂静中的一滴水，融入广阔无垠的海洋。

心流带给人充满能量的感觉，同时也带给人安定感和掌控感，我感觉到通过反复实验，可以掌握水墨的规律，可以提升自己与水墨和纸相处的能力，同时，在不断作画的过程中，我又不断地爱上自己的画作，它们的美给了我即时的积极反馈，超出了我对自己的预期。

愉悦、心流、意义感，还有充实、掌控与存在感，这些积极的体验正是创作本身带给我的丰厚奖赏。当然，能够将作品结集成书，归纳技法，提炼方法，建立体系，出版教材，也是一件让人非常欣喜的事情。感谢化学工业出版社的孙梅戈女士，她与我的多次讨论，确定了这本书的基本框架和核心内容，感谢她敏锐的眼光、精准的表达和独特的品位，使这本书本身成为了一件艺术品。同时，也特别感谢王璐女士对我的认可和鼓励，给了我莫大的支持，她也是确定此书雏形的重要参与者和推动者之一。

最后，祝愿正在阅读此书的你，获得创作的奖赏，享受其中，佳作源源不断。

（注：本书图文若要商用请与作者联系，购买版权。）